新文京開發出版股份有限公司

新世紀·新視野·新文京 — 精選教科書·考試用書·專業參考書

New Wun Ching Developmental Publishing Co., Ltd.

New Age · New Choice · The Best Selected Educational Publications — NEW WCDP

數學

Mathematics

張太山　編著

1. 本書架構完整分明，有助於教師循序漸進的教學，全書共分
   10章，每週授課二小時，二個學期，共計四學分。

2. 本書用詞遣字力求淺顯通俗，並以「教學式」的方式呈現教材
   內容，期盼經由教師講解及例題與習題的演練，能啟發學生認
   知、理解、分析與計算的能力。

3. 本書各定理、公式之例題大多附有「隨堂練習」題目，可供學
   生即時練習之用。並精選各章練習題，期盼能增進單元學習融
   會貫通。

4. 本書雖然經實際從事教學之教師細心校訂，然乃恐有疏漏之
   處，尚祈各界先進及讀者多所賜正是幸。

編者謹識

目錄

Chapter **01**　多項式　　　　　　　　　　　1

1-1　多項式之四則運算　　　　　2

1-2　餘式定理與因式定理　　　　10
　　習題 1-2　　　　　　　　　　13

1-3　一元二次方程式的解法　　　14
　　習題 1-3　　　　　　　　　　25

Chapter **02**　直角坐標系　　　　　　　　　27

2-1　數　線　　　　　　　　　　28

2-2　平面坐標　　　　　　　　　33
　　習題 2-2　　　　　　　　　　43

2-3　函數與函數圖形　　　　　　44
　　習題 2-3　　　　　　　　　　59

2-4　空間坐標　　　　　　　　　60
　　習題 2-4　　　　　　　　　　64

Chapter **03**　平面上的直線方程式　　　　　65

3-1　直線的斜率　　　　　　　　66
　　習題 3-1　　　　　　　　　　72

3-2　直線方程式的類型　　　　　73
　　習題 3-2　　　　　　　　　　80

3-3　點與直線的關係　　　　　　81
　　習題 3-3　　　　　　　　　　84

CONTENTS

Chapter **04** **指數與對數** **85**

4-1　指數及其運算　　　　　　　　86
習題 4-1　　　　　　　　　　　　92

4-2　指數函數及其圖形　　　　　　93
習題 4-2　　　　　　　　　　　　98

4-3　對數及其運算　　　　　　　　99
習題 4-3　　　　　　　　　　　107

4-4　對數函數及其圖形　　　　　108
習題 4-4　　　　　　　　　　　111

Chapter **05** **三角函數** **113**

5-1　銳角三角函數　　　　　　　114
習題 5-1　　　　　　　　　　　117

5-2　三角函數的基本關係　　　　118
習題 5-2　　　　　　　　　　　122

5-3　簡易測量與三角函數值表　　123
習題 5-3　　　　　　　　　　　126

5-4　廣義角與角的度量　　　　　127
習題 5-4　　　　　　　　　　　139

Chapter 06 排列與組合　141

6-1 加法、乘法原理　142

6-2 排　列　146
　習題 6-2　154

6-3 組　合　155
　習題 6-3　158

Chapter 07 機　率　159

7-1 集　合　160
　習題 7-1　169

7-2 樣本空間與事件　170

7-3 機　率　172
　習題 7-3　181

Chapter 08 統　計　183

8-1 統　計　184

8-2 資料整理與統計圖表編製　188
　習題 8-2　195

8-3 算術平均數、中位數與眾數　196
　習題 8-3　199

CONTENTS

Chapter **09** **數　列** **201**

9-1 數列的表示法 202
　　習題 9-1 204

9-2 等差數列 205
　　習題 9-2 209

9-3 等比數列 210
　　習題 9-3 214

Chapter **10** **級　數** **215**

10-1 級數的表示法 216
　　 習題 10-1 220

10-2 等差級數 221
　　 習題 10-2 225

10-3 等比級數 226
　　 習題 10-3 229

附　錄

認識證明—以數學歸納法為例 230

隨機亂數表 232

習題解答 **233**

Chapter 01

多項式

1-1　多項式之四則運算

1-2　餘式定理與因式定理

習題1-2

1-3　一元二次方程式的解法

習題1-3

1-1 多項式之四則運算

一、多項式的意義

形如 $x^2 + x + 1$，$3x + 2$ 及 $x^4 - 2x^2 + x - 1$ 等式子，因僅含一個不定元 x，所以稱為一元多項式。又如 $x + y - 2$，$x^2 - xy - 2$，$x + xy^2 - y^3 + 1$ 等式子，因含有兩個不定元 x，y，所以稱為二元多項式，餘類推。本節僅討論一元多項式而已。

每一個僅含一不定元 x 的一元多項式，均可寫作下列形式：

$$a_n x^n + a_{n-1} x^{n-1} + a_{n-2} x^{n-2} + \cdots + a_1 x + a_0$$

其中 a_n，a_{n-1}，a_{n-2}，$\cdots$，a_1 稱為係數。a_0 稱為常數項。當 $a_n \neq 0$ 時，稱此多項式為一元 n 次多項式，簡稱 n 次多項式，a_n 稱為領導係數。例如：

$x^2 + x + 1$ 為二次多項式，領導係數為 1。

$3x + 2$ 為一次多項式，領導係數為 3。

$x^4 - 2x^2 + x - 1$ 為四次多項式，領導係數為 1。

而 $x^2 + \sqrt{x} + 2$，$x^3 + \dfrac{1}{x} + 2x + 3$ 均不為多項式。

二、多項式之四則運算

多項式的加，減，乘，除四則運算，我們將以實例加以說明如下：

 例 1　$(4x^3 + 5x^2 - 7x + 1) + (2x^4 - 5x^3 + 6x^2 + x - 2) = ?$

 解　求多項式的和，只要將同次項的係數相加即可。

所以　$(4x^3 + 5x^2 - 7x + 1) + (2x^4 - 5x^3 + 6x^2 + x - 2)$

$= 2x^4 - x^3 + 11x^2 - 6x - 1$

例 2 設一多項式 $P(x)$，使得 $P(x) + (2x^2 - 5x + 1) = 2x^2 + 4x - 2$，求 $P(x)$？

解 可知 $P(x) = (2x^2 + 4x - 2) - (2x^2 - 5x + 1)$（同次項的係數相減）

$$= 9x - 3$$

　　多項式的相乘，可先從單項式的相乘著手。如 $3x^2 \times (-5)x^3 = 3 \times x^2 \times (-5) \times x^3 = 3 \times (-5) \times x^2 \times x^3 = -15x^{2+3} = -15x^5$，上式即係數相乘，次數相加。其中 $x^2 \times x^3 = (x \times x) \times (x \times x \times x) = x^{2+3} = x^5$，歸納為 $x^n \times x^m = x^{n+m}$

例 3 求下列各式的積：

1. $-2x \times 8x^3$　　　2. $2x \times (-6)x^5$

解 1. $-2x \times 8x^3 = (-2) \times 8 \times x \times x^3$

$$= -16x^4$$

2. $2x \times (-6)x^5 = -12x^6$

例 4 設兩多項式 $P(x) = 4x^2 + 1$，$Q(x) = 2x^2 - x + 3$，求 $P(x) \cdot Q(x)$？

多項式的相乘，可依分配律依次展開乘積，然後再將同次項相加即可。

分配律：$a \times (b + c) = a \times b + a \times c$，$(a + b) \times (c + d) = a \times c + a \times d + b \times c + b \times d$，餘類推。

解 $P(x) \cdot Q(x) = (4x^2 + 1) \cdot (2x^2 - x + 3)$

$$= 8x^4 - 4x^3 + 12x^2 + 2x^2 - x + 3$$

$$= 8x^4 - 4x^3 + 14x^2 - x + 3$$

求下列各式的積：

1. $(x+3)(x-2)$ (x^2+x-6)

2. $(x-3)(x^2+3x-2)$ $(x^3-11x+6)$

多項式的除法如何運算？首先我們從單項式的除法著手。如

$$6x^3 \div 2x = \frac{6x^3}{2x} = \frac{6}{2}\frac{x^3}{x} = \frac{6}{2}x^{3-1} = 3x^2$$

上式即係數相除，次數相減。又 $\dfrac{x^3}{x} = \dfrac{x \times x \times x}{x} = x^{3-1} = x^2$，歸納為 $x^m \div x^n = x^{m-n}$，

$m > n$。

例 5 求下列各式相除的結果：

1. $4x^5 \div (-2x)$ 2. $(-6x^4) \div (-2x^3)$

解 1. $4x^5 \div (-2x) = \dfrac{4}{-2}x^{5-1} = -2x^4$

2. $(-6x^4) \div (-2x^3) = \dfrac{-6}{-2}x^{4-3} = 3x$

隨堂練習

1. $20x^5 \div 4x^3$ $(5x^2)$

2. $9x^6 \div (-3x^3)$ $(-3x^3)$

3. 若一多項式 $f(x)$ 為三次多項式，$g(x)$ 為二次多項式，則 $f(x)+g(x)$ 為幾次
   多項式？   （三次多項式）

4. 呈上題，則 $f(x) \times g(x)$ 為幾次多項式？

   （五次多項次）

上例為單項式除以單項式的例子，接下來是多項式除以多項式，此法又稱為長除法。其運算過程類似「數」的直式除法。

設多項式 $A(x)$ 除以 $B(x)$ 得商 $Q(x)$，餘式 $R(x)$，其中 $R(x)$ 的次數小於 $B(x)$，可記作 $A(x) = B(x) \cdot Q(x) + R(x)$。

例 6 求 $x^3 + 2x^2 + 3x + 1$ 除以 $(x-1)$ 的商及餘式？

解 仿照「數」的除法，計算如下：

$$
\begin{array}{r}
x^2 + 3x + 6 \quad \longleftarrow \text{商} \\
x-1 \overline{\smash{\big)}\, x^3 + 2x^2 + 3x + 1} \\
\underline{x^3 - x^2} \quad \longleftarrow x^2 \times (x-1) \\
3x^2 + 3x \\
\underline{3x^2 - 3x} \quad \longleftarrow 3x \times (x-1) \\
6x + 1 \\
\underline{6x - 6} \quad \longleftarrow 6 \times (x-1) \\
7 \quad \longleftarrow \text{餘式}
\end{array}
$$

得商為 $x^2 + 3x + 6$，餘式為 7

亦可利用分離係數法，演算如下：

$$
\begin{array}{r}
1 + 3 + 6 \quad \longleftarrow \text{商} \\
1-1 \overline{\smash{\big)}\, 1 + 2 + 3 + 1} \\
\underline{1 - 1} \quad \longleftarrow 1 \times (1-1) \\
3 + 3 \\
\underline{3 - 3} \quad \longleftarrow 3 \times (1-1) \\
6 + 1 \\
\underline{6 - 6} \quad \longleftarrow 6 \times (1-1) \\
7 \quad \longleftarrow \text{餘式}
\end{array}
$$

此結果亦可寫成橫式表示如下：

$$x^3 + 2x^2 + 3x + 1 = (x-1)(x^2 + 3x + 6) + 7$$

三、綜合除法

兩個多項式相除，當除式次數等於 1 或 2 時，還有一種更簡便的演算方法—綜合除法。在此，僅介紹當除數是一次時的做法，我們以實例來說明：

例 7 承上例，求 $x^3 + 2x^2 + 3x + 1$ 除以 $x - 1$ 的商及餘式？

解 依一般多項式的除法，較費時。

而綜合除法運算步驟如下：

1. 將被除式以分離係數法列出

2. 取除式 $x - 1$ 的 1 列於運算式之右上角

3. 將被除式之領導係數 1 下移至橫線下

4. 1(橫線下)×1(右上角)=1 寫在 2 之下，然後相加得 3，然後
   3×1(右上角)$= 3$，以下類推，如運算所示。

$$\begin{array}{r} 1+2+3+1 \underline{\quad|1} \\ +)\quad\ +1+3+6 \\ \hline 1+3+6+7 \\ \text{商} \quad\ \text{餘式} \end{array}$$

即得商 $x^2 + 3x + 6$，餘式 7

例 8 求 $x - 2$ 除 $x^3 + x^2 + x + 1$ 之商及餘式？

解 以綜合除法運算如下：

$$\begin{array}{r} 1+1+1+1 \underline{\quad|2} \\ +)\quad\ +2+6+14 \\ \hline 1+3+7+15 \\ \text{商} \quad\quad\ \text{餘式} \end{array}$$

即得商 $x^2 + 3x + 7$，餘式 15

值得一提的是，作綜合除法運算時，除式的變號問題；若除式為 $x-a$ 時，右上角為 a；除式為 $x+a$ 時，右上角則要用 $-a$。（$\because x+a = x-(-a)$）

例 9 求 $(x^3+2x+1) \div (x+2)$ 的商及餘式？

解

$$
\begin{array}{r}
1+0+2+1 \underline{\lfloor -2} \\
+)\quad -2+4-12 \\
\hline
1-2+6-11 \\
\underset{\text{商}\qquad\text{餘式}}{}
\end{array}
$$

即得商 x^2-2x+6，餘式為 -11

隨堂練習

1. 求 $x-2$ 除 $x^5+x^4+x^3+1$ 之商及餘式。 $(x^4+3x^3+7x^2+14x+28, 57)$

2. 求 $x+3$ 除 x^3+2x^2+x-6 之商及餘式。 $(x^2-x+4, -18)$

若除式中一次項的係數不為 1，仍可使用綜合除法來求出商及餘式。然而在此，我們須先瞭解下面的一個觀念。

例 10 設多項式 $f(x)$ 除以 $(x-\dfrac{b}{a})$ 得商 $q(x)$ 餘式 r，則 $f(x)$ 除以 $(ax-b)$，得商為何，餘式為何？（$ax-b=a(x-\dfrac{b}{a})$）

解 由已知得

$$f(x) = (x-\frac{b}{a})q(x)+r，r 為常數$$

$$\Rightarrow f(x) = (ax-b)\frac{q(x)}{a}+r，r 為常數$$

所以，由上式可知

$f(x)$ 除以 $(ax-b)$ 時，得商 $\dfrac{q(x)}{a}$，餘式 r

所得結論是：若 $f(x) \div (x-\dfrac{b}{a})$ 之商為 $q(x)$，餘式 r

則 $f(x) \div (ax-b)$ 之商為 $\dfrac{q(x)}{a}$，餘式 r 不變。

其中 $\dfrac{q(x)}{a}$ 即為 $q(x) \div a$ 之意。

請看下例說明與作法

隨堂練習

設多項式 $f(x)$ 除以 $x+1$ 得商 $3x+6$，餘式 r，求 $f(x)$ 除以 $3x+3$ 得商及餘式為何？（商 $x+2$，餘式 r）

例 11 求以 $2x+1$ 除 $2x^3+x^2-2x+3$ 之商及餘式？

解 除式 $2x+1$ 先視為 $2(x+\dfrac{1}{2})$

而先以 $x+\dfrac{1}{2}$ 除 $2x^3+x^2-2x+3$，計算商及餘式如下：

$$
\begin{array}{r}
2+1-2+3 \,\Big|\underline{-\dfrac{1}{2}} \\
+)\quad -1+0+1 \\
\hline
2+0-2+4
\end{array}
$$

商　　餘式

得商 $2x^2-2$，餘式 4

所以，原題目 $2x+1$ 除 $2x^3+x^2-2x+3$ 之商，

即為 $\dfrac{2x^2-2}{2}=x^2-1$，餘式 4 不變

一貫的作法如下：

$$\begin{array}{r} 2+1-2+3 \;\rvert\,-\dfrac{1}{2} \\ +)\;\;-1+0+1 \\ \hline 2\;\rvert\;2+0-2+4 \\ \hline 1+0-1\;\text{餘式} \\ \text{商} \end{array}$$

即得商 x^2-1，餘式 4

隨堂練習

求 $3x^3-x^2+x+5\div(3x+2)$ 之商及餘式？（商 x^2-x+1，餘式 3）

1-2 餘式定理與因式定理

☑ **定理 1-1   餘式定理**

若一多項式 $f(x)$ 除以 $x-a$，則其餘式為 $f(a)$。

 設 $f(x)$ 除以 $x-a$ 之商為 $q(x)$，餘式為 r，

則 $f(x) = (x-a)q(x) + r$

令 $x=a$ 代入上式，得

$f(a) = (a-a)q(a) + r$

即 $r = f(a)$，得證。

例 1 求多項式 $x^3 - 2x^2 + x - 1$ 除以 $x-1$ 之餘式？

解 設 $f(x) = x^3 - 2x^2 + x - 1$，則

所求之餘式為

$f(1) = 1 - 2 + 1 - 1$

$\quad\quad = -1$

另以綜合除法求之如下：

$$
\begin{array}{r}
1-2+1-1\ \underline{\lfloor 1} \\
+)\quad +1-1+0 \\
\hline
1-1+0-1 \\
\end{array}
$$

商   餘式

則可得餘式 -1

隨堂練習

1. 求多項式 $x^{30} - 15x^2 + x - 1$ 除以 $x+1$ 之餘式？（提示：利用餘式定理，綜合除法不好算）　（-16）

2. 若 $3x^4 + x^3 + 2x^2 - ax + 6$ 除以 $x+1$ 的餘式為 1，求 $a = ?$　（-9）

例 2 　若 $f(x) = x^3 + mx + n$ 可以被 $(x+1)(x-1)$ 整除，求 m，n？

解 　依題意，可知 $f(x)$ 將分別被 $x+1$，$x-1$ 整除，

由餘式定理可知

$$\begin{cases} f(-1) = -1 - m + n = 0 \\ f(1) = 1 + m + n = 0 \end{cases}$$

$$\Rightarrow m = -1 \text{ , } n = 0$$

例 3 　若 $f(x)$ 除以 $x-1$ 的餘式為 2，除以 $x-3$ 的餘式為 -2，求 $f(x)$ 除以 $(x-1)(x-3)$ 的餘式為何？

解 　設 $f(x)$ 除以 $(x-1)(x-3)$ 的商為 $g(x)$，餘式為 $ax+b$（因除式 $(x-1)(x-3) = x^2 - 4x + 3$ 為二次式，所以設餘式一次式 $ax+b$），

則 $f(x) = (x-1)(x-3)g(x) + ax + b$

由已知得 $\begin{cases} f(1) = a + b = 2 \\ f(3) = 3a + b = -2 \end{cases}$ 　$\Rightarrow$ 　$a = -2, b = 4$

即所求餘式為 $-2x + 4$

　　設多項式 $A(x) = B(x) \cdot C(x)$，其中 $B(x) \neq 0$，則稱 $B(x)$ 為 $A(x)$ 之一因式。由餘式定理，易得因式定理如下：

☑ 定理 1-2　　因式定理

設 $f(x)$ 為一多項式，則 $x-a$ 為 $f(x)$ 之一因式

$$\Leftrightarrow f(a)=0$$

⧗例 4　試證 $f(x)=(x+4)^{100}-1$ 有 $x+3$ 的因式。

證明　因為 $f(-3)=(-3+4)^{100}-1$
$$=1^{100}-1$$
$$=0$$

依因式定理，可知 $f(x)$ 有 $x+3$ 的因式

⧗例 5　已知 x^3-2x-m 有 $x-2$ 的因式，求 $m=?$

⧗解　設 $f(x)=x^3-2x-m$，依因式定理可知 $f(2)=0$
$$\Rightarrow 8-4-m=0$$
$$\Rightarrow m=4$$

⧗例 6　已知 $(x-3)$ 為 $f(x)=x^2+mx+6$ 與 $g(x)=x^2-2x-n$ 公因式，求數對 $(m,n)=?$

⧗解　依因式定理可知 $f(3)=0$
$$\Rightarrow 9+3m+6=0$$
$$\Rightarrow m=-5$$

依因式定理可知 $g(3) = 0$

$$\Rightarrow 9 - 6 - n = 0$$

$$\Rightarrow n = 3$$

故數對 $(m, n) = (-5, 3)$

隨堂練習

已知 $f(x) = x^4 - 2x^2 + ax + 3$ 有 $x - 3$ 之因式，求 a 值？　　(-22)

習題 1-2

1. 計算 $(-2x^3 + x^2 + 1) \cdot (x^2 - x + 4) = $？

2. 設 $f(x) = 2x^4 - x^3 + 3x + 4$，$g(x) = x - 2$，求 $f(x) \div g(x)$ 的商及餘式？

3. 計算 $(9x^3 - 7x + 1) \div (3x - 2)$ 之商及餘式？

4. 以 $x + 1$ 除 $2x^{99} + 5x^{10} - 3$ 的餘式為何？

5. 若 $f(x) = x^2 - 5x + a$ 有 $x + 2$ 的因式，求 a 值？

6. 設多項式 $f(x)$ 除以 $x - 1$ 得餘式 3，除以 $x - 2$ 得餘式 6，試求 $f(x)$ 除以 $(x - 1)(x - 2)$ 之餘式？

1-3 一元二次方程式的解法

　　一元二次方程式：經過整理化簡後，只含一個未知數，而且未知數的最高次為二次的方程式，稱為一元二次方程式，其一般式為 $ax^2 + bx + c = 0$，$a \neq 0$

如：

1. $x^2 - x - 2 = 0$

2. $\pi x^2 + (\pi - \sqrt{2})x - \sqrt{2} = 0$

3. $(2x + 1)^2 = -2$

　　一元二次方程式的解法，常用的兩種方法為：

1.因式分解法（利用提公因式法或十字交乘法）

2.配方法與利用求解公式

一、因式分解法

　　利用提公因式法或十字交乘法算因式分解

　　同學們，先思考下列原理：

$$a \cdot b = 0 \Rightarrow a = 0 \quad 或 \quad b = 0$$

　　因此，有些方程式我們可容易地經由提公因式法或十字交乘法將它加以因式分解後，成為兩個一次因式乘積的方程式，進而變成兩個一元一次方程式，那就可以求解了。

 解方程式 $x^2 - 6x = 0$

 利用提公因式法，先將方程式因式分解

$(x)(x - 6) = 0$

$\Rightarrow x = 0 \quad 或 \quad x - 6 = 0$

$\Rightarrow x = 0$ 或 $x = 6$

所以 $x^2 - 6x = 0$ 的解為 0 或 6

⏳ 例 **2** 求方程式 $(x+2)^2 - (3x+4)(x+2) = 0$ 的解。

⏳ 解 利用提公因式法來因式分解

$(x+2)(x+2) - (3x+4)(x+2) = 0$

$\Rightarrow (x+2)\big[(x+2) - (3x+4)\big] = 0$

$\Rightarrow (x+2)(-2x-2) = 0$

$\Rightarrow x+2 = 0$ 或 $-2x-2 = 0$

$\Rightarrow x = -2$ 或 $x = -\dfrac{2}{2} = -1$

隨堂練習

解下列方程式

1. $2x^2 - 3x = 0$ （0 或 $\dfrac{3}{2}$）

2. $(2x-3)(3x+1) - (2x-3)^2 = 0$ （$\dfrac{3}{2}$ 或 -4）

⏳ 例 **3** 解方程式 $x^2 + 5x - 6 = 0$

⏳ 解 首先，因數分解常數項 $-6 = (-1) \times 6 = 1 \times (-6) = (-3) \times 2 = 3 \times (-2)$

再利用十字交乘法測試，將 $x^2 + 5x - 6$ 因式分解

$$x \diagdown -1$$
$$x \diagup +6$$
$$6x - x = 5x（合）$$

$$x \diagdown +1$$
$$x \diagup -6$$
$$-6x + x = -5x（不合）$$

$$x \diagdown -3$$
$$x \diagup +2$$
$$2x - 3x = -x（不合）$$

$$x \diagdown +3$$
$$x \diagup -2$$
$$-2x + 3x = x（不合）$$

故 $x^2 + 5x - 6 = 0$

$\Rightarrow (x-1)(x+6) = 0$

$\Rightarrow x - 1 = 0$ 或 $x + 6 = 0$

$\Rightarrow x = 1$ 或 $x = -6$

（註：當測試到一種合即可，其餘可不再測試）

例 4 解方程式 $6 - 5x - x^2 = 0$

解 二次方程式的二次項係數最好是正的

所以等號兩邊每一項同乘以 (-1)

得到 $x^2 + 5x - 6 = 0$

再如上例求解

例 5 解方程式 $6x^2 + 13x + 6 = 0$

解 因為 x^2 項係數與常數項皆不為 1，所以我們必須更多次利用十字交乘法測試，看那一組能得到一次項 $+13x$，如：

$$3x \diagdown +2$$
$$2x \diagup\diagdown +3$$

$$+9x + 4x = +13x（合）$$

$$\therefore \quad 6x^2 + 13x + 6 = 0$$

$$\Rightarrow (3x+2)(2x+3) = 0$$

$$\Rightarrow 3x + 2 = 0 \ 或 \ 2x + 3 = 0$$

$$\Rightarrow x = -\frac{2}{3} \ 或 \ x = -\frac{3}{2}$$

此外，同學們如果您熟記如 $a^2 - b^2 = (a-b)(a+b)$，$(a+b)^2 = a^2 + 2ab + b^2$ 等公式的話，有些方程式的解法，我們亦可利用它來求解。

例 6 解方程式 $x^2 - 4 = 0$

解 利用平方差公式 $a^2 - b^2 = (a-b)(a+b)$

$$x^2 - 4 = 0$$

$$\Rightarrow x^2 - 2^2 = 0$$

$$\Rightarrow (x-2)(x+2) = 0$$

$$\Rightarrow x - 2 = 0 \ 或 \ x + 2 = 0$$

$$\Rightarrow x = 2 \ 或 \ -2$$

例 7 解方程式 $25x^2 - 9 = 0$

解 $25x^2 - 9 = 0$

$$\Rightarrow (5x)^2 - 3^2 = 0$$

$$\Rightarrow (5x - 3)(5x + 3) = 0$$

$$\Rightarrow x = \frac{3}{5} \quad \text{或} \quad -\frac{3}{5}$$

隨堂練習

解下列方程式：

1. $6x^2 + x - 15 = 0$ （ $\frac{3}{2}$ 或 $-\frac{5}{3}$ ）

2. $9x^2 - 1 = 0$ （ $-\frac{1}{3}$ 或 $\frac{1}{3}$ ）

設 $x^2 = a$ ，其中 $a > 0$ ，則規定 $\sqrt{a}$ 為 a 之正平方根，另知 $-\sqrt{a}$ 為 a 之負平方根，它們可合併寫成 $\pm\sqrt{a}$ 。因此，可得如下結論：

一元二次方程式 $x^2 = a$ ， $a > 0$ ，其解為 $x = \pm\sqrt{a}$

例 8 解下列方程式

1. $x^2 = 81$ 2. $9x^2 = 16$ 3. $x^2 = 3$

解 1. $x^2 = 81 \Rightarrow x = \pm\sqrt{81} = \pm 9$

2. $9x^2 = 16 \Rightarrow x^2 = \frac{16}{9}$

$$\Rightarrow x = \pm\sqrt{\frac{16}{9}}$$

$$= \pm\frac{4}{3}$$

3. $x^2 = 3 \Rightarrow x = \pm\sqrt{3}$

設 $(x-b)^2 = a$，$a > 0$，則易知

$x - b = \pm\sqrt{a}$

再利用等量公理（等號兩邊同加 b），可得

$x = b \pm \sqrt{a}$

由上述討論，可得以下結論：

一元二次方程式 $(x-b)^2 = a$，$a > 0$，其解為 $x = b \pm \sqrt{a}$

例 9 解下列方程式

    1. $(x+1)^2 = 6$ 2. $(2x+3)^2 + 2 = 5$

解 1. $(x+1)^2 = 6$ 2. $(2x+3)^2 + 2 = 5$

    $\Rightarrow x+1 = \pm\sqrt{6}$ $\Rightarrow (2x+3)^2 = 3$

    $\Rightarrow x = -1 \pm \sqrt{6}$ $\Rightarrow 2x+3 = \pm\sqrt{3}$

                                $\Rightarrow 2x = -3 \pm \sqrt{3}$

                                $\Rightarrow x = \dfrac{-3 \pm \sqrt{3}}{2}$

隨堂練習

解方程式：

$(2x+5)^2 = 1$ （-2 或 -3）

二、配方法

以上所討論的都是完全平方的形式：$x^2 = a$ 與 $(x-b)^2 = a$。至於一般的一元二次方程式 $ax^2 + bx + c = 0$，我們必須先把它配為完全平方的形式，再求解。此法稱為**配方法**。舉例討論如下：

例 **10** 用配方法，求方程式 $x^2 + 12x - 7 = 0$ 的解

解 $x^2 + 12x - 7 = 0$

$\Rightarrow x^2 + 12x = 7$（移項）

$\Rightarrow x^2 + 12x + 6^2 = 7 + 6^2$

（ x 項的係數 12，取其一半即 $12 \div 2 = 6$，再兩邊同加 6^2 ）

$\Rightarrow (x + 6)^2 = 43$

$\Rightarrow x + 6 = \pm\sqrt{43}$

$\Rightarrow x = -6 \pm \sqrt{43}$

例 **11** 用配方法求 $2x^2 + 3x - 1 = 0$ 的解

解 當方程式中的領導係數不為 1 時，先利用等量公理將它改為 1，再以配方法求解。

$2x^2 + 3x - 1 = 0$

$\Rightarrow x^2 + \dfrac{3}{2}x - \dfrac{1}{2} = 0$

再以配方法求解

$x^2 + \dfrac{3}{2}x + (\dfrac{3}{4})^2 = \dfrac{1}{2} + (\dfrac{3}{4})^2$

$\Rightarrow (x + \dfrac{3}{4})^2 = \dfrac{17}{16}$

$\Rightarrow x + \dfrac{3}{4} = \pm\sqrt{\dfrac{17}{16}}$

$\qquad\qquad = \pm\dfrac{\sqrt{17}}{4}$

$\Rightarrow x = -\dfrac{3}{4} \pm \dfrac{\sqrt{17}}{4}$

$\qquad = \dfrac{-3 \pm \sqrt{17}}{4}$

例 12 用配方法求 $x^2 + x + 1 = 0$ 的解

解 $x^2 + x + 1 = 0$

$\Rightarrow x^2 + x + (\dfrac{1}{2})^2 = -1 + (\dfrac{1}{2})^2$

$\Rightarrow (x + \dfrac{1}{2})^2 = -\dfrac{3}{4}$

因為對任意實數 x 而言，$(x + \dfrac{1}{2})^2 \geq 0$。所以並無任意實數 x 可滿足方程式 $(x + \dfrac{1}{2})^2 = -\dfrac{3}{4}$。因此，原方程式無實數解

隨堂練習

用配方法求解：

1. $3x^2 + 6x + 1 = 0$
   $(-1 \pm \dfrac{\sqrt{6}}{3})$

2. $3x^2 - 6x + 1 = 0$
   $(1 \pm \dfrac{\sqrt{6}}{3})$

三、公式解

看過上面配方法的例子，現在我們要用配方法將標準的一元二次方程式 $ax^2 + bx + c = 0$ 找出它的公式解並討論如下：

$ax^2 + bx + c = 0$ ，$a \neq 0$

$\Rightarrow x^2 + \dfrac{b}{a}x + \dfrac{c}{a} = 0$ 　　　　（等號兩邊同除以 a）

$\Rightarrow x^2 + \dfrac{b}{a}x = -\dfrac{c}{a}$ 　　　　　（移項）

$\Rightarrow x^2 + \dfrac{b}{a}x + \left(\dfrac{b}{2a}\right)^2 = -\dfrac{c}{a} + \left(\dfrac{b}{2a}\right)^2$ 　　（等號兩邊同加 $\left(\dfrac{b}{2a}\right)^2$）

$$\Rightarrow \left(x + \frac{b}{2a}\right)^2 = \frac{b^2}{4a^2} - \frac{c}{a}$$

$$\Rightarrow \left(x + \frac{b}{2a}\right)^2 = \frac{b^2 - 4ac}{4a^2} \qquad \text{（等號右邊通分再相減）}$$

設 $D = b^2 - 4ac$，D 稱為此方程式的判別式。上式方程式的解，再繼續討論如下：

1. $D > 0$，則 $\left(x + \frac{b}{2a}\right)^2 = \frac{b^2 - 4ac}{4a^2}$（此時，$\frac{b^2 - 4ac}{4a^2} > 0$）

$$\Rightarrow x + \frac{b}{2a} = \pm\sqrt{\frac{b^2 - 4ac}{4a^2}} \qquad \text{（利用平方根）}$$

$$= \pm\frac{\sqrt{b^2 - 4ac}}{2a}$$

$$\Rightarrow x = -\frac{b}{2a} \pm \frac{\sqrt{b^2 - 4ac}}{2a} \qquad \text{（移項）}$$

$$= \frac{-b \pm \sqrt{b^2 - 4ac}}{2a}$$

此時，方程式 $ax^2 + bx + c = 0$ 有兩相異實數解（實根）

$$x = \frac{-b \pm \sqrt{b^2 - 4ac}}{2a}$$

2. $D = 0$，則 $\left(x + \frac{b}{2a}\right)^2 = \frac{b^2 - 4ac}{4a^2} = 0$

$$\text{即} \left(x + \frac{b}{2a}\right)^2 = 0$$

$$\Rightarrow x + \frac{b}{2a} = 0$$

$$\text{即} \; x = -\frac{b}{2a}$$

此時，方程式 $ax^2 + bx + c = 0$ 有兩相等實數解（實根）

$$x = -\frac{b}{2a}$$

3. $D < 0$，則 $\left(x + \dfrac{b}{2a}\right)^2 = \dfrac{b^2 - 4ac}{4a^2} < 0$

此時，由於負數的平方根如 $\sqrt{-2}$，$\sqrt{-3}$，$\sqrt{-7}$ 等，本書尚未討論。又如上述例 12：求 $x^2 + x + 1 = 0$ 的解，我們知道對所有實數 x 而言，均無法滿足方程式 $(x + \dfrac{1}{2})^2 = -\dfrac{3}{4}$，所以方程式 $x^2 + x + 1 = 0$ 無實數解。

因此，獲得結論如下：

當判別式 $D < 0$ 時，方程式 $ax^2 + bx + c = 0$ 無實數解。

綜覽上述討論，歸納結論如下：

☑ 定理 1-3

一元二次方程式 $ax^2 + bx + c = 0$，$a \neq 0$，a,b,c 為實數，$D = b^2 - 4ac$，則

1. $D > 0$，方程式有二相異實數解 $x = \dfrac{-b \pm \sqrt{b^2 - 4ac}}{2a}$。

2. $D = 0$，方程式有二相等實數解 $x = -\dfrac{b}{2a}$。

3. $D < 0$，方程式無實數解。

例 13 利用公式，求例 11. $2x^2 + 3x - 1 = 0$ 的解

解 對照一般一元二次方程式 $ax^2 + bx + c = 0$，

易知 $a = 2$，$b = 3$，$c = -1$，則

判別式 $D = b^2 - 4ac$

$\qquad = 3^2 - 4 \cdot 2 \cdot (-1)$

$\qquad = 17$

依公式 $x = \dfrac{-b \pm \sqrt{b^2 - 4ac}}{2a}$，得知方程式有兩相異實根 $x = \dfrac{-3 \pm \sqrt{17}}{4}$

例 14 利用公式，求例 12. $x^2 + x + 1 = 0$ 的解

解 設 $a = 1$，$b = 1$，$c = 1$

得知 $\begin{aligned} D &= b^2 - 4ac \\ &= 1^2 - 4 \cdot 1 \cdot 1 \\ &= -3 < 0 \end{aligned}$

所以方程式無實數解

隨堂練習

利用公式，求下列方程式的解：

1. $x^2 - x + 1 = 0$ （無實數解）

2. $3x^2 - 2x - 3 = 0$ （$\dfrac{1 \pm \sqrt{10}}{3}$）

3. $x^2 + 2\sqrt{3}x + 3 = 0$ （$-\sqrt{3}$）

習題 1-3

求下列方程式的解

1. $4x^2 - 6x = 0$

2. $(2x-1)^2 - (x+2)(2x-1) = 0$

3. $x^2 - 5x + 6 = 0$

4. $4x^2 + 4x - 15 = 0$

5. $9x^2 = 4$

6. $(2x+1)^2 = 8$

7. $(2-x)^2 = 5$

8. $2(x-1)^2 + 3 = 6$

9. $x^2 + x - 1 = 0$

10. $3x^2 - x + 5 = 0$

11. 下列哪一個方程式無實數解？

    (1) $4x^2 - 12x + 9 = 0$

    (2) $2x^2 - 2x - 1 = 0$

    (3) $x^2 + x + 1 = 0$

    (4) $x^2 - 2x - 3 = 0$

Chapter *02*

直角坐標系

2-1　　數　線

2-2　　平面坐標

　　　　習題2-2

2-3　　函數與函數圖形

　　　　習題2-3

2-4　　空間坐標

　　　　習題2-4

2-1 數 線

在介紹數線的觀念之前，首先我們必須先具備實數的概念。實數包括了自然數，整數，有理數、無理數等等，並將其介紹於後：

一、自然數

1，2，3，4，5，……，我們稱之為自然數，又稱計物數，也稱正整數，它是人類用來計算物品的數。它的概念來自古時候的牧童，為了想知道他所牧羊群的個數？為此，人類起先用結繩計數的方法，後來發明了自然數。有了自然數之後，我們計算物品的個數，就很方便了。

二、整 數

人類用自然數來計算物品的個數，或來表示各種數的意義，但有時會有不足的情況發生，或有難以表示的地方，因此而有了負數的概念與應用。比如做生意，賺錢 30 元或賠錢 30 元，則賠錢可用 -30 元來表示。還有氣溫有高有低，攝氏零下 5°C，我們可以 –5°C 來表示。如此我們有了 –1，–2，–3，……的負整數概念，再加上 0，1，2，3，……，統稱為整數。

三、有理數

當我們把一物品分成三等分時，如何來表示這其中的一等份或二等份呢？答案分別是 $\frac{1}{3}$ 及 $\frac{2}{3}$，這是分數的概念。而凡是可表為分數形式的數，就統稱為有理數。因此，整數，分數，小數（有限小數，循環小數），均為有理數。如 $3 = \frac{3}{1}$，$0.3 = \frac{3}{10}$，$0.\bar{3} = \frac{3}{9} = \frac{1}{3}$。

四、無理數

一個數若不能表為分數的形式，則稱之為無理數。換句話說，一個數若不為有理數，則為無理數。如圓周率 $\pi = 3.14159\cdots$，$\sqrt{3} = 1.7321\cdots$ 都不能表示作分數的形式，所以都是無理數。其它如 $\sqrt[3]{2}$，$\sqrt[4]{5}$，$\sqrt{2}+1$，$e = 2.71828\cdots$ 等，均為無理數。

五、實　數

上述之有理數與無理數，統稱為實數。茲將自然數，整數，有理數，分數，無理數，實數，這些數系之間的關係整理如下：

六、數線與直線坐標系

※圖 2-1

如圖 2-1，在一直線上取一點 O 代表零。在其右邊任取一點代表 1，0 與 1 的距離稱為單位長。則依序可在原點右方取二單位長，三單位長，……，分別代表 2，3，……。另外，在原點左方依序取一單位長，二單位長，三單位長，……則分別代表 -1，-2，-3，……。又如圖 2-2，對於任一有理數，在直線上我們可用尺規作圖來找到一個點代表它。至於有些無理數如 $\sqrt{2}$，$\sqrt{3}$，$\sqrt{5}$，……等亦可用尺規作圖在直線上找到一個代表它的點。可是有些無理數，像 $\sqrt[3]{2}$，π，$\pi+1$，……等，就無法以尺規作圖的方法，找出其所代表的點。

但事實上，對於任意實數，在直線上都有一個代表此數的點；反之，直線上的每一點，也都代表一個實數；如此，所有實數與直線上的點，則形成一個 1 對 1 的對應關係；也可以說，所有實數佈滿整條直線。設若直線上一點 P 所對應的實數為 a，則稱 a 為 P 點的坐標，常記作 $P(a)$。此即所謂直線坐標系，又稱此直線為數線。如下例所示。

例 1 於數線上描出點 $\dfrac{10}{3}$ 及 $1+\sqrt{2}$ 的點?

解 $\dfrac{10}{3}=3+\dfrac{1}{3}$:將 3 與 4 之間的線段三等分,再自 3 向右取第一個分點,即是 $\dfrac{10}{3}$ 的點。

$1+\sqrt{2}$:即是自 1 向右再取 $\sqrt{2}$ 長度的點,即 $1+\sqrt{2}$,如圖 2-2 所示。

※圖 2-2

隨堂練習

於數線上描出點 $\dfrac{5}{4}$ 及 $\sqrt{2}-1$ 的點?　（ $\sqrt{2}-1=-1+\sqrt{2}$ ）

七、實數的大小關係

　　x,y 為任意兩實數,符號「 $x<y$ 」和「 $y>x$ 」分別表示「 x 小於 y 」和「 y 大於 x 」,其實意思相同,如 $5<6$。符號「 $\leq$ 」表示「小於或等於」的意思。如 5 與 6 的大小關係,亦可以寫作「 $5\leq6$ 」。至於式子「 $3\leq3$ 」表示「3 小於或等於 3」,亦是一正確的說法。

八、絕對值 $|x|$

　　對於任意實數 x 而言,x 的絕對值 $|x|$ 定義為

$$|x|=\begin{cases}x,\text{當}x\geq0\\-x,\text{當}x<0\end{cases}$$

如 $|3| = 3$，$|-5| = -(-5) = 5$

依絕對值的意義，易知對任意實數 x 而言，$|x| \geq 0$。

例 2　解下列方程式？

1. $|x| = 3$

2. $|x - 1| = 2$

3. $|x| = 0$

4. $|x + 5| = -2$

解　1. $|x| = 3 \Rightarrow x = \pm 3$

2. $|x - 1| = 2 \Rightarrow x - 1 = \pm 2$

　　 $\Rightarrow x - 1 = 2$ 或 $x - 1 = -2$

　　 $\Rightarrow x = 3$ 或 -1

3. $|x| = 0 \Rightarrow x = 0$

4. $|x + 5| \geq 0$，對任意實數 x 而言

　　 $\therefore$ 此題無解

九、數線上兩點的距離

當我們知道數線上 P、Q 兩點之坐標分別為 3、5 時，如圖 2-3 所示。

※圖 2-3

則可知 P，Q 兩點的距離為 $5 - 3 = 2$。但如果我們只知道數線上 P、Q 兩點的坐標分別為 x、y，卻不知道 $x > y$ 或 $x < y$ 時，如何表示 P、Q 兩點的距離？此時，不論 x、y 那個大，用 $|x - y|$ 表示 P、Q 兩點的距離。$\overline{PQ} = |x - y|$ 或 $\overline{PQ} = |y - x|$。

1. 若 $x>y$ ，則 $x-y>0 \Rightarrow |x-y|=x-y$ ；例： $x=5$ 、 $y=3$ ，則 $|x-y|=$ $|5-3|=2$ 表示了 P、Q 兩點的距離。

2. 若 $x<y$ ，則 $x-y<0 \Rightarrow |x-y|=-(x-y)=y-x$ ；例： $x=3$ 、 $y=5$ ，則 $|x-y|=|3-5|=-(3-5)=5-3=2$ 亦表示了 P、Q 兩點的距離。

所以，在不知 $x>y$ 或 $x<y$ 時，以 $|x-y|$ 來表示 P、Q 兩點的距離是可行的。

隨堂練習

A 點介於 B,C 兩點之間，B,C 之坐標分別為 $-2,8$，試求 $\overline{BA}+\overline{AC}=$ ？　　(10)

2-2 平面坐標

一、平面直角坐標系

在國中階段，大家已學過平面上直角坐標的基本觀念，現在再來複習一下。

在上一節裡，我們已介紹了直線坐標系（數線）的觀念。且看我們如何在平面上來建立一直角坐標系？首先，在平面上取二條互相垂直的直線，並設定其交點為O，稱為原點。而此原點分別也當作此兩條直線的原點及據此作出兩直線的坐標系。此即建立了所謂平面直角坐標系，如圖 2-4 所示。其中水平線稱為 x 軸，鉛直線稱為 y 軸。兩直線將平面平分分割成四部份，分別稱為第一、二、三、四象限。

※圖 2-4

設 P 為坐標平面上任一點，過 P 點對 x、y 軸作垂直線，並交 x、y 軸於兩點。設此交於 x、y 軸的兩點之坐標分別為 a 與 b，如圖 2-5 所示，則有序數對(a, b) 稱為 P 點在平面上的坐標。常記作 $P(a, b)$。反之，亦不難在平面上畫出坐標為所予有序數對 (c, d) 的點，步驟如下：

1. 在 x、y 軸分別找出坐標為 c、d 的點。

2. 過此兩點分別作出垂直 x、y 軸的直線並相交於一點 Q。此點 Q 即為所求之點。如圖 2-6 所示。

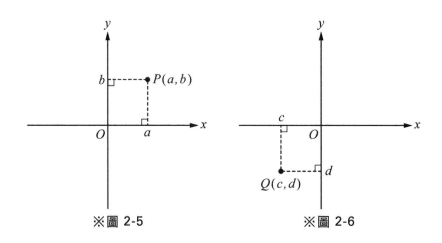

※圖 2-5　　　　　　　　　　　　　　※圖 2-6

例 1　在平面上畫出坐標為(−3, 0)，(0, 3)，(−1, 2)，(−1, −3)的點。

解　各點位置如圖 2-7 所示：

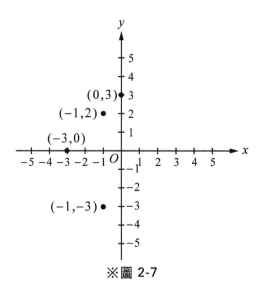

※圖 2-7

隨堂練習

坐標平面上兩點 $A(a+3, -2b+5)$，$B(3b+1, 3a+3)$，若 A 點向左平移 7 單位，再向上平移 2 單位，則 A 與 B 重合，求 a, b 及 A 坐標？　（$a=2, b=-1, A(5,7)$）

二、分點坐標

設 $P(x_1, y_1)$，$Q(x_2, y_2)$ 為坐標平面上相異兩點，$R(x, y)$ 為線段 $\overline{PQ}$ 上一點並介於 P，Q 兩點之間，如圖 2-8 所示。

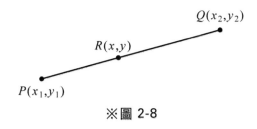

※圖 2-8

則稱 R 為線段 $\overline{PQ}$ 的內分點。

☑ 定理 2-1　　分點定理

設 $R(x, y)$ 為 $\overline{PQ}$ 線段之內分點如上圖，且 $\dfrac{\overline{PR}}{\overline{RQ}} = r$，則 $x = \dfrac{x_1 + rx_2}{1 + r}$，$y = \dfrac{y_1 + ry_2}{1 + r}$ 為分點公式。

 證明　如圖 2-9 所示，$\overline{RS} /\!/ \overline{QT}$

$\therefore \dfrac{\overline{PS}}{\overline{ST}} = \dfrac{\overline{PR}}{\overline{RQ}} = r$

又因 $\overline{PS} = x - x_1$

$\overline{ST} = x_2 - x$

$\therefore \dfrac{x - x_1}{x_2 - x} = r$

$\Rightarrow x - x_1 = r(x_2 - x) = rx_2 - rx$

$\Rightarrow (1 + r)x = x_1 + rx_2$

$\Rightarrow x = \dfrac{x_1 + rx_2}{1 + r}$，同理可證 $y = \dfrac{y_1 + ry_2}{1 + r}$

※圖 2-9

推論 如圖 2-10 所示，若 $\overline{PR}:\overline{RQ}=m:n$，即 $r=\dfrac{m}{n}$

$$\therefore x=\dfrac{x_1+\dfrac{m}{n}x_2}{1+\dfrac{m}{n}}\ ,$$

$$y=\dfrac{y_1+\dfrac{m}{n}y_2}{1+\dfrac{m}{n}}$$

等式右端，分母、分子同乘 n，可得下式：

則 $x=\dfrac{nx_1+mx_2}{m+n}\ ,\ y=\dfrac{ny_1+my_2}{m+n}$ ……此亦為分點公式。

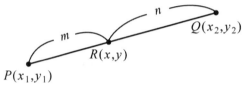

※圖 2-10

例 2 設坐標平面上兩點 $P(-2,1)$，$Q(4,3)$，求 $\overline{PQ}$ 中點之坐標？

解 設 $R(x,y)$ 為 $\overline{PQ}$ 之中點，$\overline{PR}:\overline{RQ}=1:1$，依分點公式知

$x=\dfrac{1\cdot(-2)+1\cdot4}{1+1}=\dfrac{2}{2}=1$

$y=\dfrac{1\cdot1+1\cdot3}{1+1}=\dfrac{4}{2}=2$

$\therefore\ \overline{PQ}$ 中點之坐標為 $(1,2)$

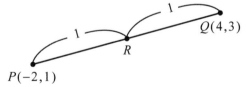

※圖 2-11

例 3 承上例，將 $\overline{PQ}$ 線段三等份，如圖 2-12 所示，分別求出兩點 $S(x,y)$，$T(a,b)$ 之坐標？

解 1. 依題意知 $\overline{PS} : \overline{SQ} = 1 : 2$

$$\therefore x = \frac{2 \cdot (-2) + 1 \cdot 4}{1+2} = \frac{0}{3} = 0$$

$$y = \frac{2 \cdot 1 + 1 \cdot 3}{1+2} = \frac{5}{3}$$

2. $\overline{PT} : \overline{TQ} = 2 : 1$

$$\therefore a = \frac{1 \cdot (-2) + 2 \cdot 4}{1+2} = \frac{6}{3} = 2$$

$$b = \frac{1 \cdot 1 + 2 \cdot 3}{1+2} = \frac{7}{3}$$

※圖 2-12

 隨堂練習

設坐標平面上兩點 $A(-2, 0)$，$B(3, 2)$，C 介於 A、B 兩點之間且 $\dfrac{\overline{AC}}{\overline{CB}} = \dfrac{2}{3}$，

求 C 之坐標？ $\left(0, \dfrac{4}{5}\right)$

 例 4 設 $A(0, 2)$、$B(6, 0)$、$C(3, 4)$ 為 $\triangle ABC$ 的三頂點，求 $\triangle ABC$ 之重心坐標？

 解 $\triangle ABC$ 之重心 G 即其三中線 $\overline{AE}$、$\overline{BF}$、$\overline{CD}$ 的交點，如圖 2-13 所示。

1. 先求出中點 D 之坐標為 $\left(\dfrac{0+6}{2}, \dfrac{2+0}{2}\right) = (3, 1)$

2. 依重心的性質，知 $\overline{CG} : \overline{GD} = 2 : 1$

   $\therefore$ 依分點公式求出重心 $G(x, y)$ 之坐標

$$x = \frac{1 \cdot 3 + 2 \cdot 3}{1+2} = 3$$

$$y = \frac{1 \cdot 4 + 2 \cdot 1}{1+2} = 2$$

即所求 $\triangle ABC$ 之重心為 $(3, 2)$

※圖 2-13

同理，可求出重心公式如下：

設 $A(x_1, y_1)$，$B(x_2, y_2)$，$C(x_3, y_3)$ 為 ΔABC 的三頂點，則 ΔABC 的重心坐標為

$(\dfrac{x_1 + x_2 + x_3}{3}, \dfrac{y_1 + y_2 + y_3}{3})$

三、平面上兩點的距離

如圖 2-14 所示，$P(x_1, y_1)$，$Q(x_2, y_2)$，$R(x_2, y_1)$ 為平面上三點且 $\overline{QR} \perp \overline{PR}$，我們易知 P，R 兩點的距離 $\overline{PR} = |x_2 - x_1|$，$Q$，$R$ 兩點的距離 $\overline{QR} = |y_2 - y_1|$。

※圖 2-14

所以，依「畢式定理」，可知 P，Q 兩點的距離 $\overline{PQ}$ 滿足：

$$\overline{PQ}^2 = \overline{PR}^2 + \overline{QR}^2$$
$$\Rightarrow \overline{PQ} = \sqrt{\overline{PR}^2 + \overline{QR}^2}$$
$$= \sqrt{|x_2 - x_1|^2 + |y_2 - y_1|^2}$$
$$= \sqrt{(x_2 - x_1)^2 + (y_2 - y_1)^2}$$

（$\because |x_2 - x_1|^2 = (x_2 - x_1)^2$ 且 $|y_2 - y_1|^2 = (y_2 - y_1)^2$）

上述之討論，寫成定理如下：

☑ 定理 2-2　　距離公式

設 $P(x_1, y_1)$，$Q(x_2, y_2)$ 為平面上任意二點，則其距離

$$\overline{PQ} = \sqrt{(x_2 - x_1)^2 + (y_2 - y_1)^2} \; 。$$

利用距離公式，可得下面定理：

☑ 定理 2-3

設 $P(x_1, y_1)$，$Q(x_2, y_2)$ 為平面上相異兩點，則線段 $\overline{PQ}$ 之中點 R 之坐標為 $(\dfrac{x_1 + x_2}{2}, \; \dfrac{y_1 + y_2}{2})$。

例 5　求 $P(-1, 2)$，$Q(3, -1)$ 兩點之距離及線段 $\overline{PQ}$ 之中點 R 之坐標？

解　1. 距離 $\overline{PQ} = \sqrt{(3 - (-1)^2) + (-1 - 2)^2}$
$$= \sqrt{16 + 9}$$
$$= 5$$

2. $\overline{PQ}$ 之中點 R 之坐標為 $(\dfrac{-1 + 3}{2}, \; \dfrac{2 + (-1)}{2}) = (1, \; \dfrac{1}{2})$

隨堂練習

1. 求 $A(2, 0)$、$B(1, 3)$ 兩點之距離及線段 $\overline{AB}$ 中點 C 之坐標？　$(\sqrt{10}, (3/2, 3/2))$

2. 承上題，A、B、D 三點在一直線上，且 D 介於 A、B 之間及 $\overline{AD} : \overline{DB} = 1 : 3$，求 D 的坐標？　$(\dfrac{7}{4}, \dfrac{3}{4})$

四、圓的方程式

平面上與定點 C 的距離為一正數 $r(r > 0)$ 的所有點所成的圖形，稱為圓，如圖 2-15 所示。定點 C 稱為此圓的圓心。

※圖 2-15

如上圖所示，設 $P(x, y)$ 為以 $C(h, k)$ 為圓心，半徑為 r 的圓上任一點

$$\Longleftrightarrow \overline{PC} = r$$
$$\Longleftrightarrow \sqrt{(x-h)^2 + (y-k)^2} = r$$
$$\Longleftrightarrow (x-h)^2 + (y-k)^2 = r^2 \text{（兩邊平方）}$$

如此，我們可得下面定理：

☑ 定理 2-4

以 $C(h, k)$ 為圓心，半徑為 r 的圓之方程式為 $(x-h)^2 + (y-k)^2 = r^2$……圓方程式之標準式。

例 6 求以 $(0, 0)$ 為圓心，半徑為 1 的圓方程式？

解 $(h, k) = (0, 0)$，$r = 1$

易知所求圓方程式為 $x^2 + y^2 = 1$

例 7 求以點 $(3,2)$ 為圓心，且通過點 $(-1,-1)$ 的圓方程式？

解 半徑 $r = \sqrt{(3-(-1))^2 + (2-(-1))^2}$

$\qquad = \sqrt{16+9}$

$\qquad = 5$

$\therefore$ 所求圓的方程式為 $(x-3)^2 + (y-2)^2 = 5^2$

例 8 設 $A(-1,2)$、$B(3,4)$，求以 $\overline{AB}$ 為直徑的圓方程式？

解 $\overline{AB}$ 的中點 $C(\frac{-1+3}{2}, \frac{2+4}{2}) = (1,3)$ 即為圓心。

半徑 $r = \sqrt{(-1-1)^2 + (2-3)^2} = \sqrt{5}$

$\therefore$ 所求圓的方程式為

$(x-1)^2 + (y-3)^2 = \sqrt{5}^2 = 5$

將圓的標準式

$\qquad (x-h)^2 + (y-k)^2 = r^2$ 展開後得

$\qquad x^2 + y^2 - 2hx - 2ky + h^2 + k^2 - r^2 = 0$

若設 $-2h = d$，$-2k = e$，$h^2 + k^2 - r^2 = f$，上式可簡化成

$\qquad x^2 + y^2 + dx + ey + f = 0$ 稱為圓的一般式

我們可利用圓的一般式，求解一些圓的問題。

例 9 試求通過 $(0, 0)$，$(1, 1)$，$(0, 2)$的圓方程式，並求其圓心及半徑？

解 可設圓的方程式為 $x^2 + y^2 + dx + ey + f = 0$

∵ 三點$(0, 0)$，$(1, 1)$，$(0, 2)$在圓上，所以得聯立方程組如下：

$$\begin{cases} 0+0+d\cdot 0+e\cdot 0+f=0 \\ 1+1+d\cdot 1+e\cdot 1+f=0 \\ 0+4+d\cdot 0+e\cdot 2+f=0 \end{cases} \Rightarrow \begin{cases} f=0 \\ d+e+f=-2 \\ 2e+f=-4 \end{cases}$$

解聯立方程組，得 $f=0$，$e=-2$，$d=0$

∴ 所求圓方程式為 $x^2 + y^2 - 2y = 0$

$\Rightarrow x^2 + (y-1)^2 = 1$（配方）

∴ 圓心$(0, 1)$，半徑 1

求通過三點 $P(0, 1)$，$Q(2, -1)$，$R(1, 3)$的圓方程式。

（$x^2 + y^2 - \dfrac{13}{3}x - \dfrac{7}{3}y + \dfrac{4}{3} = 0$）

例 10 求圓：$x^2 + y^2 - 4x + 2y - 4 = 0$之圓心，半徑？

解 $x^2 + y^2 - 4x + 2y - 4 = 0$

$\Rightarrow (x^2 - 4x) + (y^2 + 2y) = 4$

$\Rightarrow (x^2 - 4x + 4) + (y^2 + 2y + 1) = 4 + 4 + 1$

$\Rightarrow (x-2)^2 + (y+1)^2 = 3^2$

∴ 圓心 $(2, -1)$，半徑 3

習題 2-2

1. 求圓心在 $(0,0)$，半徑為 2 的圓方程式。

2. $A(0,0)$，$B(4,0)$，$C(0,3)$，求 ΔABC 的外接圓方程式。

3. 求 $x^2 + y^2 + 4x + 8y + 16 = 0$ 的圓心、半徑。

4. 點 $P(-3,1)$ 位於圓 C：$(x-1)^2 + (y+2)^2 = 9$ 的那個部分？（即內部，在圓上或外部？）

5. 承上題，求 P 點和圓 C 的最長和最短距離？

6. 若方程式 $x^2 + y^2 + 2x - ky + 10 = 0$ 的圖形為一點，$k > 0$，則 $k = ?$

7. 平面上兩點 $A(-2,1)$，$B(3,0)$，P 介於 A、B 兩點之間，且 $3\overline{AP} = 2\overline{PB}$，求 P 的坐標？

8. 設過 $(-1,2)$，$(0,0)$，$(3,-2)$ 三點之圓方程式為 $x^2 + y^2 + dx + ey + f = 0$，則 $d + e + f = ?$

2-3 函數與函數圖形

一、函數的意義

在日常生活中，我們常發現：有些量與量（或數與數）之間存在著某種關係。而這關係在於：當其中一種量確定，會導致另一種量依循此種關係而跟著確定。例如：

1. 攝氏與華氏溫度之間的關係如下：

攝氏	−10	0	10	20	30
華氏	14	32	50	68	86

若以 x 代表攝氏溫度，y 代表華氏溫度，則兩種溫度存在的關係為：

$$y = \frac{9}{5}x + 32$$

易知，當攝氏溫度 x 確定，華氏溫度 y 會依循上式關係而跟著確定。

2. 一杯珍奶 15 元，兩杯 30 元，某人購買珍奶杯數與應付金額之間的關係如下：

珍奶杯數	1	2	3	5	10
應付金額	15	30	45	75	150

若以 x 代表杯數，y 代表金額，則杯數與金額之間存在的關係為：

$$y = 15x$$

易知，當杯數 x 確定，金額 y 會依循上式關係而跟著確定。

3. 圓的半徑與面積兩種量之間的關係如下：

半徑	1	2	3	5	10
面積	π	4π	9π	25π	100π

若以 x 代表圓的半徑，y 代表圓面積，則兩者之間存在的關係為：

$$y = \pi x^2$$

易知，當半徑 x 確定，面積 y 會依循上式關係而跟著確定。

　　從上述例子，我們可以了解：上述的兩個數量（ x 與 y ）之間，確實存在某種特別對應關係，這種關係即為函數的概念。

1. 華氏溫度為攝氏溫度的函數。

2. 應付金額為珍奶杯數的函數。

3. 圓面積為其半徑的函數。

　　一般來說，設 x 、 y 代表兩個量（或數），當量 x 確定，量 y 就會依循某種關係跟著確定，我們則稱 y 是 x 的函數。

二、函數的表示法

　　當兩種量 x 與 y 具有 y 是 x 的函數關係時，我們常用英文字母如 f 來表示此一函數。

　　　　　　可記作 $f : x \to y$

　　　　　　x 稱為自變數， y 稱為應變數

並用符號 $f(x)$ 表示 x 所對應到的函數值 y 。

亦即 $y = f(x)$

　　所以若已知一函數 f ，我們就常以

　　　　　　$f(x) = \cdots$ 或 $y = f(x) = \cdots$ （簡寫為 $y = \cdots$ ）

來表示此函數。

 如何表示華氏溫度是攝氏溫度的函數關係？

 設 f 表此一函數， x 表攝氏溫度， y 表華氏溫度

　　則可將此函數關係表為

　　$f : x \to \dfrac{9}{5}x + 32$ 或

　　$f(x) = \dfrac{9}{5}x + 32$ 或

$$y = \frac{9}{5}x + 32$$

（後兩者較被常用）

例 2 設函數 $f(x) = \frac{9}{5}x + 32$，求下列各函數值？

1. $f(0)$　　2. $f(10)$　　3. $f(20)$

解 $f(x) = \frac{9}{5}x + 32$

1. 以 $x = 0$ 代入上式，得 $f(0) = 32$

2. 同理可得 $f(10) = 50$

3. $f(20) = 68$

隨堂練習

設函數 $g(x) = \pi x^2$，求下列各函數值？
1. $g(1)$　　2. $g(3)$　　3. $g(5)$
　(π)　　　(9π)　　　(25π)

例 3 已知正方形面積（設為 y）是其邊長（設為 x）的函數，並設此函數為 h，試寫出其函數關係？

解 其函數關係可表示為

$h(x) = x^2$　或

$y = x^2$

例 **4** 若 $f(x) = 3x^2 - 12x + k$，且 $f(2) = 9$，則 $k = ?$

解 $f(2) = 3 \cdot 2^2 - 12 \cdot 2 + k = 9$

$\Rightarrow -12 + k = 9$

$\Rightarrow k = 21$

三、一次函數及其圖形

函數 $f(x) = ax + b$，$a \neq 0$，稱為一次函數，如 $f(x) = 3x + 2$，$g(x) = -x + 5$ 均為一次函數。

設一函數 f，則坐標平面上所有這些點 $(a, f(a))$ 所構成的圖形，就稱為函數 f 的圖形。至於如何來畫出一函數的圖形？最基本的方法，就是利用描點法。

將一次函數 $f(x) = ax + b$ 寫成 $y = ax + b$（或 $-ax + y - b = 0$），其實就是二元一次方程式。

在國中的數學課程裡，我們學過二元一次方程式的圖形為平面一直線，亦即一次函數 $y = ax + b$ 的圖形為平面一直線。

例 **5** 試作函數 $g(x) = -x + 5$ 的圖形

解 易知函數 g 的圖形為平面上一直線

∴ 選取直線上任意兩點

$(0, g(0)) = (0, 5)$，$(1, g(1)) = (1, 4)$

再以直線加以連結，即為所求圖形。

如圖 2-16 所示。

※圖 2-16

隨堂練習

作出函數 $h(x) = x + 2$ 的圖形。（略）

例 6 某次考試數學分數不理想，老師想利用一次函數 $y = ax + b$ 來將原分數 x 調整至 y。若原分數 40 分調整後為 52 分及 100 分不變，請問若一學生調整後為 60 分，則原始分數為何？

解 依題意得知 $\begin{cases} 52 = 40a + b \cdots\cdots\cdots\cdots ① \\ 100 = 100a + b \cdots\cdots\cdots ② \end{cases}$

由②-①　$48 = 60a$　$\therefore a = 0.8$ 代入①

$\Rightarrow 52 = 32 + b$　$\therefore b = 20$

故此一次函數為 $y = 0.8x + 20$，所以 $0.8x + 20 = 60$，$0.8x = 40$，則 $x = 50$ 分。

四、二次函數及其圖形

已知圓的面積是其半徑的函數，可以寫作：面積 $y = f(r) = \pi r^2$，r 為半徑；又如正方形的面積是其邊長的函數，可以寫作：面積 $y = g(x) = x^2$，x 為邊長。上述兩個函數的例子，有一個共通性，它們都是一個二次函數。一般的二次函數，可表成如下之式子：

$$f(x) = ax^2 + bx + c，\quad a \neq 0$$

例 7 $f(x) = x^2 + x + 1$ 及 $g(x) = -2x^2 + x - 3$ 都是二次函數。

二次函數的圖形，我們知道它是一個拋物線，但如何畫出一更正確的拋物線圖形？那麼就必須對於拋物線的特性加以了解，比如其開口向上或向下，頂點在哪裡？那條直線為對稱軸？有無與 x 軸或 y 軸相交？交點在哪裡？…等等。一般而言，先描出拋物線圖形上的一些點，然後用平滑的曲線加以連結，則可得函數的部分圖形。以下，我們將以實例來作說明。

⊠ 例 8 在坐標平面上，畫出二次函數 $f(x) = x^2$ 的圖形。

⊠ 解 (1) 首先將圖形上的點 $(x, f(x))$ 列表出來。

※表 2-1

x	...	-3	-2	-1	0	1	2	3	...
$f(x)$	...	9	4	1	0	1	4	9	...

(2) 然後在平面上描出點 $(-3, 9)$，$(-2, 4)$，$\cdots$，$(3, 9)$，再以平滑的曲線連結而得函數 f 之部分圖形。如圖 2-17 所示。

※圖 2-17

從上圖觀察，我們可以了解，拋物線開口向上，有最低點$(0, 0)$，且 y 軸是其對稱軸。

隨堂練習

試作出兩函數 $g(x) = 2x^2$ 及 $h(x) = \dfrac{1}{2}x^2$ 之圖形，並與函數 $f(x) = x^2$ 作比較。（略）

例 **9** 作出二次函數 $f(x) = -x^2$ 之圖形。

 解 1. 仿上例，列表如下：

※表 2-2

x	$\cdots$	-3	-2	-1	0	1	2	3	$\cdots$
$f(x)$	$\cdots$	-9	-4	-1	0	-1	-4	-9	$\cdots$

2. 然後於平面上描出點 $(-3, -9)$，$(-2, -4)$，$\cdots$，$(3, -9)$，並以平滑的曲線加以連結，則可得 f 之部分圖形。

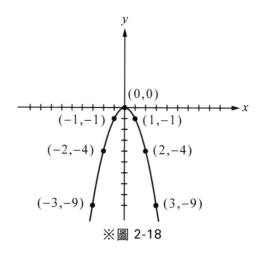

※圖 2-18

由圖 2-18 觀察，我們可知道，拋物線開口向下，圖形有最高點 $(0, 0)$，且 y 軸為其對稱軸。

隨堂練習

畫出兩函數 $g(x) = -2x^2$，與 $h(x) = -\dfrac{1}{2}x^2$ 之圖形，並與函數 $f(x) = -x^2$ 作比較。

（略）

例 10　畫出二次函數 $f(x) = (x-1)^2$ 之圖形。

解　1. 列表如下：

※表 2-3

x	...	-2	-1	0	1	2	3	4	...
$f(x)$	...	9	4	1	0	1	4	9	...

2. 描點並以平滑曲線連結而得函數 f 之部分圖形。且易知 $(1,0)$ 為其頂點，直線 $x=1$ 為其對稱軸。

※圖 2-19

　　若將 $f(x) = (x-1)^2$ 之圖形與 $f(x) = x^2$ 之圖形作比較，不難發現將 $f(x) = x^2$ 之圖形向右平移 1 單位，即得 $f(x) = (x-1)^2$ 之圖形。

隨堂練習

畫出二次函數 $g(x) = (x+1)^2$ 之圖形。（略）

作出 $f(x) = x^2 + 1$ 的圖形。

解 1. 列表如下：

※表 2-4

x	$\cdots$	-3	-2	-1	0	1	2	3	$\cdots$
$f(x)$	$\cdots$	10	5	2	1	2	5	10	$\cdots$

2. 描點並以平滑曲線加以連結而得函數 f 之部分圖形。

※圖 2-20

　　顯然，$(0,1)$ 為其頂點，y 軸為其對稱軸。若將其圖形與 $y = x^2$ 圖形作比較，可知將 $y = x^2$ 之圖形向上平移一單位，可得 $y = x^2 + 1$ 的圖形。

 隨堂練習

試作 $h(x) = x^2 - 1$ 之圖形。（略）

 作出二次函數 $f(x) = (x-1)^2 + 2$ 之圖形。

解 本題可從兩個方向來思考作圖。

作法 1. 列表，描點，並以平滑曲線連結而得。

※表 2-5

x	$\cdots$	-2	-1	0	1	2	3	4	$\cdots$
$f(x)$	$\cdots$	11	6	3	2	3	6	11	$\cdots$

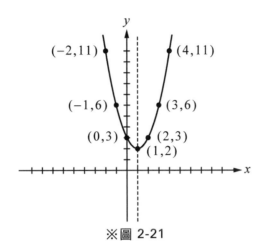

※圖 2-21

作法 2. 先作 $y=x^2$ 之圖形（如圖 2-22），然後將 $y=x^2$ 之圖形向右平移一單位而得 $y=(x-1)^2$ 圖形，再將 $y=(x-1)^2$ 的圖形向上平移兩單位即可得 $f(x)=(x-1)^2+2$ 之圖形。且必與作法 1 所作之圖形相同。

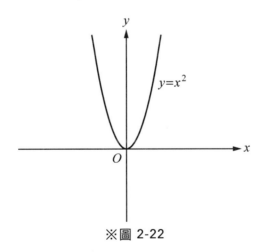

※圖 2-22

圖 2-22 向右平移一單位得圖 2-23。

※圖 2-23

圖 2-23 向上平移二單位得圖 2-24。

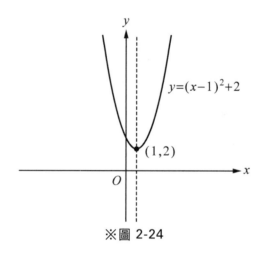

※圖 2-24

圖 2-24 即為所求。

　　不論上述哪一種作圖方法，我們均可從代數方法的討論，了解到當 $x=1$ 時，$(x-1)^2+2=2$ 為 f 之最小值，亦即在圖形上，將容易知道 $(1,2)$ 為最低點。可知，幾何作圖與代數方法的討論，結果是一致的。而直線 $x=1$ 為其對稱軸。

隨堂練習

作出二次函數 $f(x)=(x+1)^2-2$ 之圖形。（略）

例13 作出二次函數 $f(x)=2(x-1)^2+3$ 之圖形。

解 仿前例，可知此函數之圖形亦可由列表，描點，…之方法直接作出圖形。
但我們在此將利用已知 $y=2x^2$ 的圖形，向右平移一單位，再向上平移三單
位，而求出 $f(x)=2(x-1)^2+3$ 之圖形。$(1,3)$ 為其頂點，即最低點。而直線
$x=1$ 為其對稱軸。其作法、過程及圖形如下：

※圖 2-25

圖 2-25 向右平移一單位，得圖 2-26。

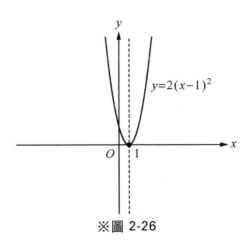

※圖 2-26

圖 2-26 向上平移三單位，得圖 2-27。

※圖 2-27

圖 2-27 為所求。

隨堂練習

作出二次函數 $f(x) = 2(x-1)^2 - 3$ 之圖形。（略）

由以上實際描點作圖與討論，我們得到以下結論：

二次函數 $f(x) = a(x-h)^2 + k$，$a > 0$ 時，其圖形為開口向上之拋物線，並且可知 (h, k) 為其頂點（即最低點），直線 $x = h$ 為其對稱軸。

又當 $h, k > 0$ 時，圖形如下。

其餘 $h > 0$，$k < 0$；$h < 0$，$k > 0$；$h < 0$，$k < 0$，讀者可自行作出圖形。

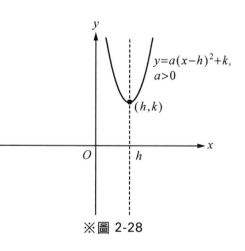

※圖 2-28

例 14 作出二次函數 $f(x) = -(x+1)^2 - 2$ 之圖形。

解 本題作圖可經由列表，描點，⋯之方法而直接作出圖形。但我們在此，將

1. 先作出 $y = -x^2$ 的圖形。

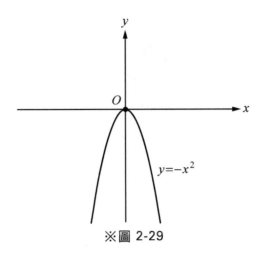

※圖 2-29

2. 將圖 2-29 向左平移一單位，得 $y = -(x+1)^2$ 之圖形。

※圖 2-30

3. 將圖 2-30 再向下平移兩單位，得 $f(x) = -(x+1)^2 - 2$ 之圖形。

※圖 2-31

　　綜覽上述討論，可知二次函數 $f(x) = a(x-h)^2 + k$，$a < 0$ 時，其圖形為開口向下之拋物線，並且可知 (h,k) 為其頂點（即最高點），直線 $x = h$ 為其對稱軸。而 $f(x) = a(x-h)^2 + k$，$a < 0$ 之圖形，以 $h < 0$，$k > 0$ 為例，圖形如下：

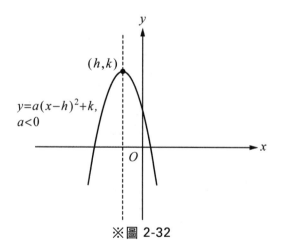

※圖 2-32

　　其餘 $h > 0$，$k > 0$；$h < 0$，$k < 0$；$h > 0$，$k < 0$ 之情況，讀者應可了解。

習題 2-3

1. 作出下列函數之圖形

(1) $f(x) = 2x + 1$

(2) $g(x) = -3x + 2$

(3) $h(x) = x + 5$

(4) $i(x) = -3x^2$

(5) $j(x) = -3(x+1)^2$

(6) $k(x) = -3(x+1)^2 + 2$

(7) $l(x) = -x^2 - 2x + 3$

(8) $m(x) = x^2 + 2x + 1$

(9) $n(x) = x^2 - x + 1$

2-4　空間坐標

在本章第二節，我們曾經介紹了平面上直角坐標系的概念。今從 xy 平面的原點 O 作一垂直於 xy 平面的直線並給予坐標化（稱為 z 軸），如此則建立了空間之一直角坐標系。此時，如果我們選取各軸的正方向如下圖所示，則稱此空間直角坐標系為右手系。這乃是：若以右手大拇指以外四指表出「由 x 軸正向繞向 y 軸正向的方向時」，豎起的大拇指指向 z 軸正向而言。但換是左手，則稱左手系。

通常右手系常被採用。三坐標軸決定了三個平面，除熟知的 xy 平面外，另有 yz 平面與 xz 平面。此三個坐標平面將空間分割成八個部分，每一部分稱為一個卦限。

一、空間中一點的坐標

設 P 為空間中任意一點，過 P 向 x、y、z 三軸分別作垂直線。若其垂足在 x、y、z 三軸之坐標分別為 a、b、c，則有序三元組 (a, b, c) 即為 P 之坐標，常記作 $P(a, b, c)$，如圖 2-34 所示。

右手系
※圖 2-33

此外，常稱坐標均為正的那個卦限為第一卦限，其餘卦限，則一般不稱其為第幾卦限。

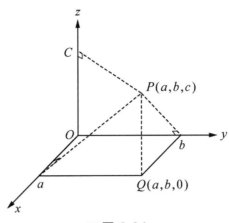

※圖 2-34

反之，任意給予有序三元組 (a, b, c)，如何找出坐標為 (a, b, c) 的點 P？我們可先在 xy 平面找出點 $Q(a, b)$。過 Q 作直線 L 垂直 xy 平面，然後在直線 L 上取坐標為 c 的點（設此直線之坐標系正向與 z 軸相同），則此點即為所求空間坐標為 (a, b, c) 的點 P。如上圖虛線所示。

隨堂練習

描出空間坐標為 $(1, 0, 0)$，$(1, 2, 3)$，$(1, 2, -3)$ 的點。（略）

二、空間中兩點的距離

仿照平面上求兩點 $P(x_1, y_1)$，$Q(x_2, y_2)$ 距離公式 $\overline{PQ} = \sqrt{(x_2 - x_1)^2 + (y_2 - y_1)^2}$ 之方法，我們同理可求得空間中兩點 $P(x_1, y_1, z_1)$，$Q(x_2, y_2, z_2)$ 之距離公式為

$$\overline{PQ} = \sqrt{(x_2 - x_1)^2 + (y_2 - y_1)^2 + (z_2 - z_1)^2}$$

例 1 設空間中三點 $P(-3, 6, 0)$，$Q(-2, -5, -1)$，$R(1, 4, 2)$，問 $\triangle PQR$ 是否為直角三角形？

解 利用距離公式，求得

$$\overline{PQ} = \sqrt{(-3 - (-2))^2 + (6 - (-5))^2 + (0 - (-1))^2} = \sqrt{123}$$

$$\overline{PR} = \sqrt{(-3-1)^2 + (6-4)^2 + (0-2)^2} = \sqrt{24}$$

$$\overline{QR} = \sqrt{(-2-1)^2 + (-5-4)^2 + (-1-2)^2} = \sqrt{99}$$

得 $\overline{PR}^2 + \overline{QR}^2 = \overline{PQ}^2$，依畢氏定理可知，$\Delta PQR$ 為直角三角形。

三、分點定理

回顧坐標平面上相異兩點 $P(x_1, y_1)$，$Q(x_2, y_2)$，設 $R(x, y)$ 為 $\overline{PQ}$ 線段一內分點，則在當 $\dfrac{\overline{PR}}{\overline{RQ}} = r$ 時，R 之坐標為 $x = \dfrac{x_1 + rx_2}{1+r}$，$y = \dfrac{y_1 + ry_2}{1+r}$。今仿上述坐標平面上之分點定理的公式與推論，同理可求得空間坐標之分點定理如下：

$P(x_1, y_1, z_1)$，$Q(x_2, y_2, z_2)$ 為坐標空間中兩相異點，$R(x, y, z)$ 為 $\overline{PQ}$ 線段上一點，且 R 介於 P、Q 兩點之間。

若 $\dfrac{\overline{PR}}{\overline{RQ}} = r$，則 $x = \dfrac{x_1 + rx_2}{1+r}$，$y = \dfrac{y_1 + ry_2}{1+r}$，$z = \dfrac{z_1 + rz_2}{1+r}$

若 $\overline{PR} : \overline{RQ} = m : n$，則 $x = \dfrac{nx_1 + mx_2}{m+n}$，$y = \dfrac{ny_1 + my_2}{m+n}$，$z = \dfrac{nz_1 + mz_2}{m+n}$

例 2 設 $A(0, 3, 2)$、$B(5, -2, 2)$、$C(x, y, z)$ 在同一直線上，C 介於 A、B 兩點之間，且 $\overline{AC} : \overline{CB} = 2 : 3$，求 C 之坐標？

解 依分點定理知，C 之坐標

$$x = \frac{3 \cdot 0 + 2 \cdot 5}{2+3} = \frac{10}{5} = 2$$

$$y = \frac{3 \cdot 3 + 2 \cdot (-2)}{2+3} = \frac{5}{5} = 1$$

$$z = \frac{3 \cdot 2 + 2 \cdot 2}{2+3} = \frac{10}{5} = 2$$

例 3 設 $A(0,3,2)$、$C(2,1,2)$、$B(x,y,z)$ 在同一直線上，C 介於 A、B 兩點之間，且 $\overline{AC}:\overline{CB}=2:3$，求 B 之坐標？

解 依分點定理知，B 之坐標 (x,y,z) 滿足下列各式：

$$\begin{cases} 2=\dfrac{3\cdot 0+2\cdot x}{2+3} \\[2mm] 1=\dfrac{3\cdot 3+2\cdot y}{2+3} \\[2mm] 2=\dfrac{3\cdot 2+2\cdot z}{2+3} \end{cases}$$

$$\Rightarrow \begin{cases} x=5 \\ y=-2 \\ z=2 \end{cases}$$

習題 2-4

1. 空間中三點 $A(7, 3, 4)$ ， $B(4, 5, -2)$ ， $C(1, 0, 6)$ ，問 $\triangle ABC$ 是否為等腰或直角三角形？

2. 空間中三點 $A(3, -1, 2)$ ， $B(3, 7, -4)$ ， $C(0, 3, 2)$ ，求 $\triangle ABC$ 之重心坐標？

3. 空間中 $A(1, 3, -3)$ ， $B(1, -2, 2)$ 兩點， C 點在線段 $\overline{AB}$ 上，且 $2\overline{AC} = 3\overline{CB}$ ，求 C 之坐標？

Chapter *03*

平面上的直線方程式

3-1　直線的斜率

習題3-1

3-2　直線方程式的類型

習題3-2

3-3　點與直線的關係

習題3-3

3-1 直線的斜率

　　首先讓我們來介紹平面上兩條特殊的直線——水平線與鉛直線。在坐標平面上與 x 軸平行的直線（包括 x 軸）稱為水平線，而與水平線垂直的直線稱為鉛直線。如圖 3-1 所示。

※圖 3-1

　　就坐標平面而言，水平線與鉛直線一為水平，一為鉛直；此兩直線都不傾斜，而除此兩直線外之直線，都有其傾斜的現象。在此，我們想藉著「傾斜率」（以下簡稱斜率，或稱陡率）的概念，來描述直線傾斜的現象。

※圖 3-2

數學上，我們如何來計算坐標平面上一直線 L 之斜率？簡述如下：

☑ 定理 3-1

設直線 L 通過坐標平面上相異兩點 $P_1(x_1, y_1)$，$P_2(x_2, y_2)$，則 L 的斜率 $m = \dfrac{y_2 - y_1}{x_2 - x_1} = \dfrac{y_1 - y_2}{x_1 - x_2}$（通常以 m 表示直線的斜率）。

依上述定理，我們將可容易求出所予直線之斜率。

例 1 求通過兩點 $P_1(1, -1)$，$P_2(3, 3)$ 之直線 L 的斜率？

解 L 的斜率 $m = \dfrac{y_2 - y_1}{x_2 - x_1} = \dfrac{3 - (-1)}{3 - 1} = 2$

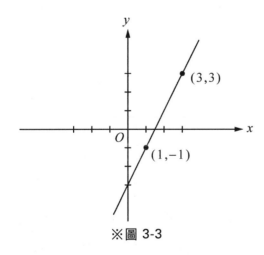

※圖 3-3

　　※L 的斜率 $m = 2 > 0 \Rightarrow L$ 由左而右向上升，

　　就任意直線 L 而言，

　　L 的斜率 $m > 0 \Leftrightarrow L$ 由左而右向上升。

例 **2**　求通過 $P_3(0,3)$，$P_4(2,1)$ 之直線 L 的斜率？

解　L 的斜率 $m = \dfrac{y_2 - y_1}{x_2 - x_1} = \dfrac{1-3}{2-0} = -1$

※L 的斜率 $m = -1 < 0 \Rightarrow L$ 由左而右向下降，

就任意直線 L 而言，

L 的斜率 $m < 0 \Leftrightarrow L$ 由左而右向下降。

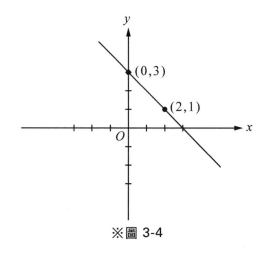

※圖 3-4

隨堂練習

1. 求過兩點 $(1,1)$，$(3,1)$ 之直線的斜率？（此直線為水平線）

2. 求通過兩點 $(1,0)$，$(1,2)$ 之直線的斜率？（此直線為鉛直線）

由上述之練習可知，水平線之斜率為 0，鉛直線無斜率可言。

例 **3**　若一直線垂直 y 軸，則此直線斜率為何？

解　因為垂直 y 軸，則此直線為一水平線，所以斜率為 0。

例 **4** 求過點 $P(1,2)$ 作出斜率為 $\frac{1}{3}$ 之直線？

解 1. 先於坐標平面上作出點 $P(1,2)$

2. 然後，由此點向右平移 3 單位，再向上平移 1 單位，到點 $Q(4,3)$。此時，直線 $\overleftrightarrow{PQ}$ 為所求。其斜率即為 $\frac{1}{3}$

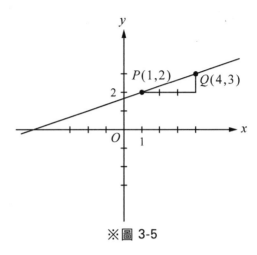

※圖 3-5

隨堂練習

求過點 $P(1,2)$，作出斜率為 $-\frac{1}{2}$ 之直線？（略）

至於方程式為 $ax+by+c=0$，$b \neq 0$ 之直線的斜率如何？討論如下：

例 **5** 求出直線 L：$ax+by+c=0$，$b \neq 0$ 之斜率？

解 任取直線上兩點 $(0,-\frac{c}{b})$ 及 $(1,-\frac{a+c}{b})$

$$\therefore L \text{ 的斜率 } m = \frac{-\frac{a+c}{b}-(-\frac{c}{b})}{1-0} = -\frac{a}{b}$$

（※上例之解，可視為求直線斜率之一重要公式。）

例 6 分別求出直線 L_1：$x+y-1=0$ 及 L_2：$2x-y+3=0$ 之斜率？

解 依上例可求得，L_1，L_2 之斜率分別為 $m_1 = -\dfrac{a}{b} = -\dfrac{1}{1} = -1$，

$$m_2 = -\frac{a}{b} = -\frac{2}{-1} = 2 \text{。}$$

隨堂練習

1. 求出直線 $3x+2y-1=0$ 之斜率？ $\left(-\dfrac{3}{2}\right)$

2. 求出直線 $2x-3=0$ 之斜率？ (無斜率)

3. 求出直線 $y+1=0$ 之斜率？ (0)

有關直線斜率的性質的應用，請重視以下定理。證明從略。

☑ 定理 3-2

設直線 L_1 與 L_2 均不為鉛直線，且其斜率分別為 m_1 與 m_2，

則　(1) L_1 與 L_2 平行或重合 $\Leftrightarrow m_1 = m_2$

　　(2) L_1 與 L_2 互相垂直 $\Leftrightarrow m_1 \cdot m_2 = -1$

例 7 平面上三點 $A(a,3), B(-2,5), C(1,2)$，若此三點共線，求 $a = ?$

解 因此三點共線，故 $\overleftrightarrow{AB}$ 的斜率 = $\overleftrightarrow{BC}$ 的斜率

$$\therefore M_{\overleftrightarrow{AB}} = \frac{5-3}{-2-a} = \frac{2}{-2-a} \text{，} \quad \therefore M_{\overleftrightarrow{BC}} = \frac{2-5}{1-(-2)} = -1$$

$$\Rightarrow \frac{2}{-2-a} = -1 \quad \therefore 2 = 2+a \quad \therefore a = 0$$

例 8 試問下列四點 $A(-4, -2)$，$B(2, 0)$，$C(8, 6)$，$D(2, 4)$ 所連成的四邊形是否為平行四邊形？

解 直線 $\overleftrightarrow{AB}$ 之斜率 $m_{\overrightarrow{AB}} = \dfrac{-2-0}{-4-2} = \dfrac{1}{3}$

直線 $\overleftrightarrow{CD}$ 之斜率 $m_{\overrightarrow{CD}} = \dfrac{6-4}{8-2} = \dfrac{1}{3}$

即 $m_{\overrightarrow{AB}} = m_{\overrightarrow{CD}}$

$\therefore \overleftrightarrow{AB} /\!/ \overleftrightarrow{CD}$

同理 $\overleftrightarrow{AD} /\!/ \overleftrightarrow{BC}$

$\therefore$ 四邊形 $ABCD$ 為一平行四邊形。

（兩雙對邊分別平行的四邊形即為平行四邊形）

例 9 設兩直線 L_1：$(a+2)x + y - 3 = 0$
$\qquad\qquad L_2$：$x + (a-2)y + 2 = 0$ $\quad (a \neq 2)$

互相垂直，求 a 之值？

解 直線 L_1 之斜率為 $-(a+2)$

直線 L_2 之斜率為 $\dfrac{-1}{a-2}$

依題意，可知

$-(a+2) \cdot \dfrac{-1}{a-2} = -1$

$\Rightarrow a+2 = 2-a$

$\Rightarrow 2a = 0 \Rightarrow a = 0$

即 L_1 與 L_2 垂直時，則 $a = 0$

習 題 3-1

1. 求出下列各直線 $\overleftrightarrow{PQ}$ 之斜率？

   (1) $P(1,2)$，$Q(-2,1)$

   (2) $P(3,1)$，$Q(2,1)$

   (3) $P(2,-1)$，$Q(2,-3)$

2. 三角形的三頂點為 $A(3,2)$，$B(6,5)$，$C(3,8)$，求各中線的斜率？

3. 求過點 $P(2,1)$，分別作出斜率為 0 與 $\dfrac{3}{2}$ 之直線？

4. 設 $A(5,1)$，$B(3,-3)$，$C(-6,2)$，$D(-2,h)$

   (1) 若 $\overleftrightarrow{AB} /\!/ \overleftrightarrow{CD}$，則 $h=$ ？

   (2) 若 $\overleftrightarrow{AB} \perp \overleftrightarrow{CD}$，則 $h=$ ？

5. 平面上三點 $A(2,1)$，$B(0,-3)$，$C(a,2)$ 共線，求 $a=$ ？

6. 平面上四個點 $A(2,1)$，$B(0,-3)$，$C(-3,1)$，$D(a,b)$，若 $\square ABCD$ 為平行四邊行，則 $(a,b)=$ ？

3-2　直線方程式的類型

以前我們學會畫出二元一次方程式 $ax+by+c=0$（a，b 不同時為零的實數）的圖形為平面上一直線。現在，再來複習一下。

 試作出二元一次方程式 $x+y-1=0$ 之圖形？

 1. 可知二元一次方程式之圖形為平面上一直線。

2. 列表

※表 3-1

x	1	0
y	0	1

即任取兩點 $P(1,0)$，$Q(0,1)$

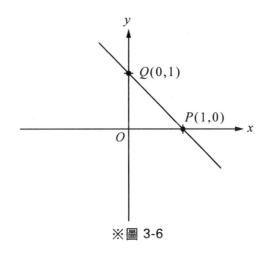

※圖 3-6

然後連結此兩點，即得直線 $\overleftrightarrow{PQ}$ 為所求。

隨堂練習

試作出直線 L：$2x - y + 3 = 0$ 之圖形。（略）

此外，我們亦知平面上任意一直線，其方程式都可寫成形如 $ax + by + c = 0$ 的一個二元一次方程式。

若將二元一次方程式 $ax + by + c = 0$ 視為平面上直線方程式之一般式。而除了此直線方程式之一般式外，另外為應用方便起見，直線方程式又可分成以下幾種類型來表示之。

1. 點斜式。

2. 兩點式。

3. 斜截式。

4. 截距式。

茲分述於後：

一、點斜式

顧名思義，「點」代表所求直線通過此一已知點。「斜」代表所求直線的已知斜率。將此寫成下面定理。

☑ 定理 3-3

設直線 L 通過一點 (x_1, y_1) 且其斜率為 m，則其方程式為

$$y - y_1 = m(x - x_1) \cdots\cdots L \text{ 之點斜式}$$

說明如下：設點 (x, y) 為直線 L 上異於 (x_1, y_1) 之任一點，易知 $\dfrac{y - y_1}{x - x_1} = m$

$\Rightarrow y - y_1 = m(x - x_1)$

例 2 過點 $(1, -3)$ 且斜率為 $\dfrac{1}{2}$ 的直線方程式？

解 依點斜式公式 $y - y_1 = m(x - x_1)$

易知，所求方程式為

$$y - (-3) = \frac{1}{2}(x - 1)$$
$$\Rightarrow y + 3 = \frac{1}{2}(x - 1)$$

可化簡得 $x - 2y - 7 = 0$。

例 3 求滿足下列條件之直線方程式？

    1. 過 $(1, 2)$ 且平行於直線 $x + y + 1 = 0$

    2. 過 $(2, 3)$ 且垂直於直線 $2x - y + 2 = 0$

解 1. 直線 $x + y + 1 = 0$ 之斜率 $m = -\dfrac{a}{b} = -1$，所以所求直線之斜率亦為 -1。由點

    斜式，知所求之直線方程式為

$$y - 2 = -1(x - 1)$$
$$\Rightarrow x + y - 3 = 0$$

    2. 直線 $2x - y + 2 = 0$ 之斜率 $m = -\dfrac{a}{b} = 2$，所以所求直線之斜率為 $-\dfrac{1}{2}$。由點

    斜式，知所求之直線方程式為

$$y - 3 = -\frac{1}{2}(x - 2)$$
$$\Rightarrow x + 2y - 8 = 0$$

隨堂練習

求過點 $(-1,-2)$ 且斜率為 -3 之直線方程式？ $(\,y+2=-3(x+1)\,)$

二、兩點式

兩點即指直線通過兩已知點。寫成定理如下：

☑ 定理 3-4

設直線 L 通過兩相異點 (x_1,y_1) 與 (x_2,y_2)，則

1. 若 $x_1 \neq x_2$，則其方程式為 $y-y_1 = \dfrac{y_2-y_1}{x_2-x_1}(x-x_1)$

（此時，L 之斜率 $m=\dfrac{y_2-y_1}{x_2-x_1}$ 代入點斜式公式，即可得上式）

2. 若 $x_1 = x_2$，則直線與 y 軸平行（或說直線與 x 軸垂直於 $(x_1,0)$ 處），其方程式為 $x=x_1$。

⧖ 例 4　求過兩點 $(5,-1)$，$(2,-3)$ 之直線方程式？

⧖ 解　依兩點式之公式，可求得方程式如下：

$$y-(-1)=\frac{-3-(-1)}{2-5}(x-5)$$

$$\Rightarrow y+1=\frac{-2}{-3}(x-5)$$

$$\Rightarrow 2x-3y-13=0$$

隨堂練習

求過兩點 $(2,1)$，$(3,2)$ 之直線方程式？　（ $y-1=x-2$ ）

例 5　一直線與 x 軸、y 軸分別交於 $(a,0)$，$(0,b)$，如圖 3-7 所示。試證其方程式為 $\dfrac{x}{a}+\dfrac{y}{b}=1$（ $a\neq 0$，$b\neq 0$ ）

證明　由兩點式，得此直線之方程式為

$$y-0=\frac{b-0}{0-a}(x-a)$$

$$\Rightarrow y=\frac{b}{-a}(x-a)$$

$$\Rightarrow -ay=bx-ab$$

$$\Rightarrow bx+ay=ab$$

上式以 ab 除之，得 $\dfrac{x}{a}+\dfrac{y}{b}=1$

※圖 3-7

上例中，a，b 分別稱為此直線在 x 軸、y 軸上的截距。而上式之方程式叫做直線「截距式」。寫成下面之定理。

三、截距式

截距式即指依直線 L 分別在 x 軸、y 軸上的截距所寫成的方程式形式。

☑ 定理 3-5

設直線 L 在 x 軸、y 軸之截距分別為 a 與 b（$a \neq 0$，$b \neq 0$）

則其方程式為

$$\frac{x}{a} + \frac{y}{b} = 1 \cdots\cdots L \text{ 之截距式}$$

例 6 已知 L 在 x 軸、y 軸之截距分別為 -3 與 -5，求其截距式？

解 由截距式之公式，易得方程式之截距式為

$$\frac{x}{-3} + \frac{y}{-5} = 1$$

四、斜截式

「斜」代表斜率，而此處的「截」所指的是 y 軸的截距。

☑ 定理 3-6

設直線 L 之斜率為 m，y 軸之截距為 b，則其方程式為

$$y = mx + b \cdots\cdots L \text{ 之斜截式}$$

證明 已知 L 之 y 軸截距為 b，可知 L 通過點 $(0,b)$，由點斜式知 L 之方程式為

$$y - b = m(x - 0)$$

$$\Rightarrow y = mx + b$$

例 7 設直線 L 之斜率為 3，y 軸截距為 5，求其方程式？

解 依斜截式 $y = mx + b$

易知 L 之方程式為 $y = 3x + 5$

隨堂練習

1. 求出直線方程式 $\dfrac{x}{-2} + \dfrac{y}{5} = 1$ 之 x 軸與 y 軸上之截距？　　$(-2, 5)$

2. 直線 L 之斜率為 -5，且其 y 軸之截距為 3，求 L 之方程式？
   $(y = -5x + 3)$

習題 3-2

1. 求直線 $L : 2x + 3y + 4 = 0$ 之斜率？

2. 求過點 $(3, 8)$，斜率為 $-\dfrac{4}{5}$ 之直線方程式。

3. 求過點 $(2, 4)$ 而平行於直線 $x + y - 1 = 0$ 之直線方程式？

4. 求過點 $(1, 2)$ 而與直線 $x - y + 2 = 0$ 垂直之直線方程式？

5. 求過兩點 $(3, 1)$，$(0, 2)$ 之直線方程式及其在 x 軸與 y 軸之截距？

6. 設兩直線 $L_1 : x + y + 1 = 0$，$L_2 : x - y + 1 = 0$ 交於 P 點，求過 P 點而斜率為 2 的直線方程式？

7. 設平面上兩點 $A(3, 2)$，$B(-1, 4)$，求線段 $\overline{AB}$ 之垂直平分線方程式？

3-3 點與直線的關係

如前節所述，我們先來釐清一個簡單的觀念：若點 (x_0, y_0) 在直線 L：$ax + by + c = 0$ 上，則點 (x_0, y_0) 滿足方程式 $ax + by + c = 0$，即 $ax_0 + by_0 + c = 0$。

例如：點 $(1,1)$ 在直線 L：$x - 2y + 1 = 0$ 上，則點 $(1,1)$ 滿足方程式 $x - 2y + 1 = 0$，即 $1 - 2 \cdot 1 + 1 = 0$。反之，點 $(2,2)$ 不 在 直 線 L 上，則 點 $(2,2)$ 不 滿 足 方 程 式 $x - 2y + 1 = 0$，即 $2 - 2 \cdot 2 + 1 \neq 0$。

接下來，讓我們來探討直線 L 外一點 P 至直線 L 的距離的相關問題。

一、點至直線的距離

☑ 定理 3-7

平面上點 $P(x_0, y_0)$ 到直線 $ax + by + c = 0$ 的距離為 $d = \dfrac{|ax_0 + by_0 + c|}{\sqrt{a^2 + b^2}}$

證明從略。

※圖 3-8

例 1 求點 $P(-4, -3)$ 到直線 $3x - 4y + 1 = 0$ 之距離？

解 $d = \dfrac{|3(-4) - 4(-3) + 1|}{\sqrt{3^2 + (-4)^2}} = \dfrac{1}{5}$

隨堂練習

求點 $P(3, 2)$ 到直線 $12x - 5y = 0$ 之距離？　　(2)

 例 2 試求二平行線 $L_1：2x - y + 1 = 0$ 及 $L_2：2x - y - 4 = 0$ 間的距離？

解 兩平行線的距離即指同時垂直於兩直線之線段長。求法：可在 L_1 上任取一點 $P(0, 1)$，然後求 $P(0, 1)$ 至直線 L_2 之距離，即為所求。

$\therefore$ 所求距離 $d = \dfrac{|2(0) - 1 - 4|}{\sqrt{2^2 + (-1)^2}} = \dfrac{5}{\sqrt{5}} = \sqrt{5}$

隨堂練習

1. 設 $L_1：ax + by + c_1 = 0$，$L_2：ax + by + c_2 = 0$，$b \neq 0$，試求 L_1 與 L_2 之距離為多少？　　$\left(\dfrac{|c_2 - c_1|}{\sqrt{a^2 + b^2}} \right)$

2. 求二平行線 $L_1：2x + y - 1 = 0$，$L_2：x + \dfrac{1}{2}y + 1 = 0$ 的距離？　　$\left(\dfrac{3}{\sqrt{5}} \right)$

例 3　設 ΔPQR 之三頂點為 $P(1,2)$，$Q(-1,1)$，$R(0,3)$，求 ΔPQR 之面積？

 解　1. 先求直線 $\overleftrightarrow{PR}$ 之方程式，利用兩點式公式得

$$y - 2 = \frac{-1}{1}(x-1)$$
$$\Rightarrow x + y - 3 = 0$$

2. 線段 $\overline{PR}$ 之長 $\sqrt{1^2 + (-1)^2} = \sqrt{2}$ …三角形之底長

3. 求 Q 到直線 $\overleftrightarrow{PR}$ 的距離 $d = \dfrac{|-1+1-3|}{\sqrt{1^2+1^2}} = \dfrac{3}{\sqrt{2}}$ …三角形的高

$\therefore \Delta PQR$ 之面積為 $\dfrac{1}{2} \cdot \sqrt{2} \cdot \dfrac{3}{\sqrt{2}} = \dfrac{3}{2}$（平方單位）

※圖 3-9

習 題 **3-3**

1. 求平面上點 $P(-1, 1)$ 至直線 L：$x + 2y - 1 = 0$ 之距離？

2. 求平面上兩平行線 L_1：$x + y - 3 = 0$，L_2：$x + y - 5 = 0$ 間的距離？

3. $A(2, 1)$，$B(-4, -6)$，$C(6, \dfrac{3}{2})$，求 $\triangle ABC$ 之面積？

4. 已知 L_1、L_2 為與直線 $3x + 4y = 0$ 平行的二直線。若 L_1 過點 $(-29, 23)$，L_2 過點 $(31, 23)$，則此二平行線間的距離為何？

5. 已知直角坐標平面上有三點 $A(3, 1)$，$B(5, -2)$，$C(-7, 3)$，求點 A 到直線 $\overleftrightarrow{BC}$ 的距離？

Chapter **04**

指數與對數

4-1　指數及其運算

　　　習題4-1

4-2　指數函數及其圖形

　　　習題4-2

4-3　對數及其運算

　　　習題4-3

4-4　對數函數及其圖形

　　　習題4-4

4-1　指數及其運算

設 a 為一實數，n 為一正整數，為應用方便起見，當 n 個 a 自乘時，我們則以符號 a^n 來表示。即

$$a^n = \underbrace{a \cdot a \cdots\cdots a}_{n\text{個}a\text{自乘}}\text{，}n\text{ 為正整數}$$

此時稱 a 為底，n 為指數。

例 1　$5^3 = 5 \cdot 5 \cdot 5 = 125$

又為擴大指數的用途，我們乃將指數的範圍推廣至 0 及負整數，並規定如下：

$$a^0 = 1 \text{，} \quad a \neq 0$$

$$a^{-n} = \frac{1}{a^n} \text{，} \quad a \neq 0$$

例 2　$3^0 = 1$ ，$3^{-2} = \dfrac{1}{3^2} = \dfrac{1}{9}$ ，而 0^0 ， 0^{-3} 均無意義可言。

接著又將指數推廣至有理數，此時規定：

當 m, n 均為正整數，規定

$$a^{\frac{m}{n}} = \sqrt[n]{a^m} \text{ 或 } (\sqrt[n]{a})^m \quad \text{及} \quad a^{-\frac{m}{n}} = \frac{1}{a^{\frac{m}{n}}} \text{，亦可知 } a^{\frac{1}{n}} = \sqrt[n]{a}$$

但當 n 為偶數時，必須限制 $a \geq 0$

例 3 以上述兩種方法，求 $81^{\frac{3}{2}}$ 的值並比較之。

解 $81^{\frac{3}{2}} = \sqrt[2]{81^3} = \sqrt[2]{531441} = 729$ （較難）

或 $81^{\frac{3}{2}} = (\sqrt[2]{81})^3 = 9^3 = 729$ （較易）

又仿照指數為負整數時的情形，乃規定

$$a^{-\frac{m}{n}} = \frac{1}{a^{\frac{m}{n}}} \ , \ a \neq 0$$

例 4 計算 $(\frac{81}{625})^{-0.75}$ 之值。

解 $(\frac{81}{625})^{-0.75} = (\frac{81}{625})^{-\frac{3}{4}}$

$= \dfrac{1}{(\frac{81}{625})^{\frac{3}{4}}}$

$= \dfrac{1}{(\sqrt[4]{\frac{81}{625}})^3}$

$= \dfrac{1}{(\frac{3}{5})^3}$

$= \dfrac{125}{27}$

在此，要向讀者說明的是，為何當指數為有理數 $\frac{m}{n}$，n 為偶數時，指數之底 a 必須大於或等於 0？這可由下面不合理的現象加以了解：

$$-1 = \sqrt[3]{-1}$$

$$= (-1)^{\frac{1}{3}} = (-1)^{\frac{2}{6}}$$

$$= \sqrt[6]{(-1)^2} = \sqrt[6]{1} = 1 \text{，這是矛盾的。}$$

至於指數為任意無理數 x 時，又如何規定 $a^x (a \geq 0)$ 之意義呢？舉個例來說，我們想知道像 $2^{\sqrt{3}}$ 之值為何？因 $\sqrt{3} = 1.73205\ldots$，此時考慮數列

$$2^{1.7} \text{，} 2^{1.73} \text{，} 2^{1.732} \text{，} 2^{1.73205} \text{，} \ldots\ldots$$

由電算器實際的計算，易知

$$2^{1.7} < 2^{1.73} < 2^{1.732} < 2^{1.73205} < \ldots\ldots$$

為一遞增數列，且其各項之值恆比 $2^{1.8}$ 小，這種數列在無窮多項時，一定會越來越接近某一個實數，這個實數即所謂 $2^{\sqrt{3}}$ 之值。至此，可謂已把指數推廣到所有實數了。

現在讓我們來複習一下，國中階段所學過的一些指數的性質。而當指數擴充到實數時，這些性質依然成立。今敘述如下：

☑ **定理 4-1**　　**指數律**

設 a，b，m，n 為任意實數且 $a > 0$，$b > 0$，則下列性質成立。

1. $a^m a^n = a^{m+n}$

2. $\dfrac{a^m}{a^n} = a^{m-n}$

3. $(a^m)^n = a^{mn}$

4. $(ab)^n = a^n b^n$

5. $\left(\dfrac{a}{b}\right)^n = \dfrac{a^n}{b^n}$

以下將舉一些實例，好讓讀者熟悉一下有關指數之運算。

例 5 化簡 $\dfrac{(\sqrt{a^3}\sqrt[4]{ab^3})}{\sqrt[4]{a^3b}\sqrt{b}}$ ，$(a>0，b>0)$

解 $\dfrac{(\sqrt{a^3}\sqrt[4]{ab^3})}{\sqrt[4]{a^3b}\sqrt{b}}$

$=\dfrac{a^{\frac{3}{2}}a^{\frac{1}{4}}b^{\frac{3}{4}}}{a^{\frac{3}{4}}b^{\frac{1}{4}}b^{\frac{1}{2}}}$

$=a^{\frac{3}{2}+\frac{1}{4}-\frac{3}{4}}\cdot b^{\frac{3}{4}-\frac{1}{4}-\frac{1}{2}}$

$=a^1b^0=a$

例 6 試求 $(a^{\frac{1}{3}}+1)(a^{\frac{2}{3}}-a^{\frac{1}{3}}+1)$ 的積。

解 展開 $(a^{\frac{1}{3}}+1)(a^{\frac{2}{3}}-a^{\frac{1}{3}}+1)$

$=a-a^{\frac{2}{3}}+a^{\frac{1}{3}}+a^{\frac{2}{3}}-a^{\frac{1}{3}}+1$

$=a+1$

隨堂練習

化簡 $(a^{-2}+b^{-2})(a^{-2}-b^{-2})$。　　$(a^{-4}-b^{-4})$

例 7 已知 $3^x = 2$，求 9^x，9^{-x} 之值？

解

$$9^x = (3^2)^x \qquad\qquad 9^{-x} = \frac{1}{9^x}$$

$$= 3^{2x} \qquad\qquad\qquad = \frac{1}{4}$$

$$= (3^x)^2$$

$$= 2^2$$

$$= 4$$

隨堂練習

承例 7，求 27^x，27^{-x} 之值？ $(8, \frac{1}{8})$

例 8 已知 $9^x = 2$，求 3^x，3^{-x} 之值？

解

$$9^x = 2$$

$$\Rightarrow (3^2)^x = 2$$

$$\Rightarrow (3^x)^2 = 2$$

$$\Rightarrow 3^x = \sqrt{2} \quad (\,3^x > 0\,, \ 3^x = -\sqrt{2} \ 不合\,)$$

$$又 \quad 3^{-x} = \frac{1}{3^x} = \frac{1}{\sqrt{2}} = \frac{\sqrt{2}}{2}$$

隨堂練習

已知 $27^x = 2$，求 3^x，3^{-x} 之值？ $(\sqrt[3]{2}, \frac{1}{\sqrt[3]{2}})$

一、指數方程式

例 9 解指數方程式。

(1) $2^{x+1} = \dfrac{1}{32}$

(2) $2^{2x+1} + 2^x - 1 = 0$

解 (1) $2^{x+1} = \dfrac{1}{32}$

$\Rightarrow 2^{x+1} = 2^{-5}$

$\Rightarrow x + 1 = -5$

$\Rightarrow x = -6$

(2) $2^{2x+1} + 2^x - 1 = 0$

$\Rightarrow 2(2^x)^2 + 2^x - 1 = 0$

$\Rightarrow 2(2^x)^2 + 2^x - 1 = 0$

設 $2^x = X > 0$

$\therefore 2X^2 + X - 1 = 0$

$\Rightarrow (2X - 1)(X + 1) = 0$

$\Rightarrow 2X - 1 = 0$ 或 $X + 1 = 0$

$\Rightarrow X = \dfrac{1}{2}$ 或 $X = -1$（不合）

即 $2^x = \dfrac{1}{2} = 2^{-1} \Rightarrow x = -1$

隨堂練習

$9^{2x+1} = (\dfrac{1}{3})^{-2}$，求 x？(0)

4-1

1. $(a - a^{-1})(a^2 + a^{-2})$

2. $\dfrac{(\sqrt[3]{a^2 b^5})^3}{(\sqrt[6]{a^4 b^{10}})^3}$

3. $32^{\frac{1}{5}} + 1024^{-\frac{1}{10}}$

4. 設 $2^{0.5} = 1.414$，$2^{0.03} = 1.021$，求 $2^{0.53}$ 之值？

5. 設 $\dfrac{1}{3^x} = 9^2$，求 x？

6. 解方程式 $(\dfrac{2}{3})^{2x-1} = (\dfrac{2}{3})^{3x-5}$

4-2 指數函數及其圖形

　　設 $a > 0$，對任意實數 x 而言，a^x 已有明確的定義。在此將進一步定義函數 $f : x \to a^x$（常寫作 $f(x) = a^x$）稱為以 a 為底的指數函數。例如 $f(x) = 2^x$。

　　至於有關指數函數的一些性質是重要的。在此，我們想從若干實例著手，來讓讀者從中加以了解。

 例 1 求作函數 $y = f(x) = 2^x$ 與 $y = g(x) = 3^x$ 之圖形並作比較。

 解 (1) 列表如下：

※表 4-1

x	……	-2	-1	0	1	2	3	……
$y = 2^x$	……	$\dfrac{1}{4}$	$\dfrac{1}{2}$	1	2	4	8	……
$y = 3^x$	……	$\dfrac{1}{9}$	$\dfrac{1}{3}$	1	3	9	27	……

(2) 描點並用平滑曲線將這些點連結起來，可得兩函數之部分圖形。

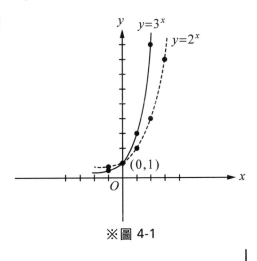

※圖 4-1

　　由圖 4-1，我們發現：

(1) 圖形完全落於 x 軸上方而不與 x 軸相交，即 $y = 2^x > 0$，$y = 3^x > 0$，對所有實數 x 而言均成立。

(2) 圖形均由左而右向上升。

(3) 當 $x>0$ 時，$y=3^x$ 的圖形恆在 $y=2^x$ 之上方；而當 $x<0$ 時，卻相反。

試問 $y=a^x$，$a>1$ 之圖形是否與上述 $y=2^x$、$y=3^x$ 類似？　（是）

又當 $0<a<1$ 時，$y=a^x$ 的圖形是如何？與 $a>1$ 時有何不同或有什麼關係？我們想從下面的例子來加以說明。

 求作 $y=f(x)=(\frac{1}{2})^x$ 的圖形並與 $y=2^x$ 作比較。

解 (1) 列表如下：

※表 4-2

x	……	-2	-1	0	1	2	3	……
$y=(\frac{1}{2})^x$	……	4	2	1	$\frac{1}{2}$	$\frac{1}{4}$	$\frac{1}{9}$	……

(2) 描點並作圖

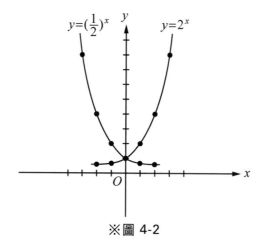

※圖 4-2

(3) 圖形由左而右向下降，與上例相反。

(4) $y = (\frac{1}{2})^x$ 與 $y = 2^x$ 之圖形作一比較，當可發現，上述二函數圖形對 y 軸
　　對稱。

随堂練習

1. 比較 $y = (\frac{1}{2})^x$ 與 $y = (\frac{1}{3})^x$ 之圖形。（略）

2. $y = (\frac{1}{3})^x$ 與 $y = 3^x$ 之圖形是否對 y 軸為對稱？　（是）

綜上觀之，有關指數函數之性質，可歸納成以下之定理。

☑ 定理 4-2

設 $f(x) = a^x$，$a > 0$，為一指數函數，則下列性質成立。

1. f 之圖形均在 x 軸上方。

2. 若 $0 < a < 1$，則 $f(x)$ 之圖形由左而右向下降。

　　若 $a > 1$，則 $f(x)$ 之圖形由左而右向上升。

3. $y = a^x$ 與 $y = (\frac{1}{a})^x$ 之圖形對 y 軸對稱。

例 3　試比較 $2^{\frac{3}{4}}$ 與 $(\frac{1}{2})^{-\frac{2}{3}}$ 之大小。

解　$(\frac{1}{2})^{-\frac{2}{3}} = (2^{-1})^{-\frac{2}{3}} = 2^{\frac{2}{3}}$

　　　$\therefore 2^{\frac{3}{4}} > (\frac{1}{2})^{-\frac{2}{3}}$

例 4 試比較 $(\frac{1}{2})^{3.1}$ 與 $(\frac{1}{2})^{2.5}$ 之大小。

解 易知 $(\frac{1}{2})^{3.1} < (\frac{1}{2})^{2.5}$

例 5 試比較 3^{-2}，3.1^{-2}，4^{-2} 之大小。

解 $3^{-2} = \frac{1}{3^2}$，$3.1^{-2} = \frac{1}{3.1^2}$，$4^{-2} = \frac{1}{4^2}$

易知，$3^2 < 3.1^2 < 4^2$

$\therefore \dfrac{1}{3^2} > \dfrac{1}{3.1^2} > \dfrac{1}{4^2}$

即 $3^{-2} > 3.1^{-2} > 4^{-2}$

指數函數在日常生活可能的應用，如細菌的繁殖，存款複利計算本利和，城鎮人口成長等問題，都與指數函數有密切關係。今舉例以為說明。

例 6 某人某日感染 SARS 病毒，已知病毒量為 10000，設病毒每日之增加率（複製率）為 $\dfrac{2}{3}$，求 10 日後，其病毒量若干？

解 1 日後之病毒量為 $10000 \times (1 + \dfrac{2}{3})$

2 日後之病毒量為 $10000 \times (1 + \dfrac{2}{3})^2$

3 日後之病毒量為 $10000 \times (1 + \dfrac{2}{3})^3$

以下類推

∴ 10 日後之病毒量為 $10000 \times (1 + \frac{2}{3})^{10} = 10000 \times (\frac{5}{3})^{10}$

例 7 某人存入銀行 10000 元，言明年利率 $r = 0.06$，且每年複利一次，問 20 年後，其可得本利和若干？

解 一年後本利和為 $10000 \times (1.06)$

二年後本利和為 $10000 \times (1.06)^2$

三年後本利和為 $10000 \times (1.06)^3$

$\vdots$

20 年後本利和為 $10000 \times (1.06)^{20}$

習題 4-2

1. 將下列(1)～(3)題各題，由大而小排列。

   (1) $2^{\frac{2}{3}}$，$4^{\frac{1}{2}}$，8^{-1}，$(\frac{1}{2})^{-\frac{2}{3}}$

   (2) $(\sqrt{0.8})^5$，$(\sqrt[3]{0.8})^7$，$(\sqrt[4]{0.8})^9$

   (3) $\sqrt{3}$，$\sqrt[3]{6}$

2. 已知某種細菌每半小時繁殖 1 倍，問一天後，細菌變成原來的幾倍？

3. 若 $f(x) = a^{kx}$，$a > 0$，且 $f(2) = 3$，求 $f(4) = ?$

4. 同一坐標平面上作出 $y = 4^x$ 及 $y = 4^{-x}$ 的圖形。

4-3 對數及其運算

給予一底數 3，我們想知道一正數 9 是 3 的幾次方？而當我們知道 $9 = 3^2$ 時，則稱 9 以 3 為底的對數為 2。記作 $\log_3 9 = 2$，即 $\log_3 3^2 = 2$。

同樣地，$8 = 2^3$，則稱 8 以 2 為底的對數為 3。記作 $\log_2 8$，即 $\log_2 2^3 = 3$。

一般而言，設 $a > 0$，且 $a \neq 1$，對任意正數 y 來說，若 $y = a^x$，則稱 y 以 a 為底的對數為 x，用符號 $\log_a y$ 表之。即

$$\log_a y = \log_a a^x = x$$

綜上觀之，當 $y = a^x$，$a > 0$ 時，記作 $\log_a y = x$：反之，當 $\log_a y = x$ 時，即知 $y = a^x$。亦即

$$y = a^x \Leftrightarrow \log_a y = x$$

從而易知，下列二式恆成立。

1. $\log_a a^x = x$

2. $a^{\log_a y} = y$，$y > 0$

在此，請讀者注意的是，為何底 a 必須大於 0 且不等於 1？那是因為討論指數 a^x 時，a 必須大於 0，所以討論對數時，我們也要規定 $a > 0$。

又因為 $1^x = 1$，所以除 1 以外的任何正數 y，將無法表示為 1 的任何次方，亦即 $\log_1 y$ 將是無意義的。因此，我們也規定 $a \neq 1$。又 y 為何亦須大於 0 呢？那是因為 $a^x > 0$，所以當實數 $y \leq 0$ 時，y 將無法表示作 $y = a^x$，那麼 $\log_a y$ 也就無意義了，所以 y 亦須大於 0。

至於有關對數的一些重要性質，於此我們將利用以下定理來加以介紹，它對於對數的運算，將給予我們很大的幫助。

☑ 定理 4-3

設 $0 < a \neq 1$，x，$y > 0$，則下列各式成立。

1. $\log_a xy = \log_a x + \log_a y$

2. $\log_a \dfrac{x}{y} = \log_a x - \log_a y$

3. $\log_a \dfrac{1}{y} = -\log_a y$

4. $\log_a x^r = r \log_a x$

 證明 設 $\log_a x = r$，$\log_a y = s$，可得

$$x = a^r，y = a^s$$

$$\therefore xy = a^{r+s}$$

$$\Leftrightarrow \log_a xy = r + s$$

$$= \log_a x + \log_a y$$

其餘性質，讀者可仿照證明即得。

☑ 定理 4-4　　換底公式

設 $0 < a \neq 1$，$0 < b \neq 1$，$c > 0$，則 $\log_a c = \dfrac{\log_b c}{\log_b a}$

 證明 設 $\log_a c = r$，$\log_b a = s$，可得

$$c = a^r，a = b^s$$

$$\therefore c = (b^s)^r = b^{sr}$$

$$\Leftrightarrow \log_b c = sr = \log_b a \cdot \log_a c$$

$$\Leftrightarrow \log_a c = \dfrac{\log_b c}{\log_b a}$$

上式之公式之所以叫做換底公式，係因把以 a 為底之對數 $\log_a c$ 換成以 b 為底的兩個對數 $\log_b c$， $\log_b a$ 相除的緣故。

以下我們再舉些例子來作練習，俾能使讀者對於對數之性質更加熟練。

例 1 設 a，b 均為正數且不等於 1，試證 $\log_a b = \dfrac{1}{\log_b a}$。

證明 利用換底公式，易得

$$\log_a b = \frac{\log_b b}{\log_b a} = \frac{1}{\log_b a}$$

隨堂練習

試證 1. $\log_{a^r} b = \dfrac{1}{r}\log_a b$ （略）

2. $\log_a b \cdot \log_b c = \log_a c$ （略）

例 2 求下列各數的值

$$\log_3 81，\log_2(\log_2(\log_3 81))，\log_3 \frac{1}{9}，\log_{\sqrt{2}} 8，(\log_2 3)(\log_3 4)$$

解 $\log_3 81 = \log_3 3^4 = 4$

$\log_2(\log_2(\log_3 81)) = \log_2(\log_2 4) = \log_2 2 = 1$

$\log_3 \dfrac{1}{9} = \log_3 9^{-1} = -\log_3 9 = -2$

$\log_{\sqrt{2}} 8 = \log_{2^{\frac{1}{2}}} 8 = 2\log_2 8 = 2 \cdot 3 = 6$

$(\log_2 3)(\log_3 4) = \log_2 4 = 2$

隨堂練習

求 $\log_2(\log_{10} 10000)$ ， $\log_{\frac{1}{2}} 4$ ， $\log_{27} 81$ ， $\log_{\frac{3}{5}} 1$ 之值。

(2) 、 (-2) 、 $(\frac{4}{3})$ 、 (0)

例 3 　已知 $\log_{10} 2 = 0.3010$ ，試求 $\log_{10} 20$ ， $\log_2 25$ 之值。

解
$$\log_{10} 20 = \log_{10}(2 \times 10) = \log_{10} 2 + \log_{10} 10$$
$$= 0.3010 + 1 = 1.3010$$

$$\log_2 25 = \log_2 \frac{100}{4} = \log_2 10^2 - \log_2 4$$
$$= 2 \log_2 10 - 2$$
$$= \frac{2}{\log_{10} 2} - 2$$
$$= \frac{2}{0.3010} - 2 = \frac{1398}{301}$$

隨堂練習

設 $\log_{10} 2 = 0.3010$ ， $\log_{10} 3 = 0.4771$ ，求 $\log_3 2$ 之值。 $\left(\dfrac{0.3010}{0.4771} \right)$

例 4 　求下列各題 x 之值。

(1) $\log_x \dfrac{1}{6} = -1$

(2) $\log_2 x = 0$

解 (1) 由對數之意義知

$$\frac{1}{6} = x^{-1}$$

$$x = 6$$

(2) 易知 $x = 2^0 = 1$

隨堂練習

若 $\log_x \frac{1}{8} = 3$，求 $x = ?$ $\left(\frac{1}{2}\right)$

一、對數方程式

例 5 求滿足下式之 x：
$$\log_{10}(x-2) + \log_{10} 5 = 1$$

 解 $\log_{10}(x-2) + \log_{10} 5 = 1$

$$\Rightarrow \log_{10}\left[(x-2)\cdot 5\right] = \log_{10} 10$$

$$\Rightarrow 5(x-2) = 10$$

$$\Rightarrow x - 2 = 2$$

$$\Rightarrow x = 4$$

檢驗知 $x = 4$ 滿足所予之方程式

$\therefore x = 4$ 為所求

例 6 解方程式 $(\log_{10} x)^2 - \log_{10} x^2 = 0$

解 $(\log_{10} x)^2 - \log_{10} x^2 = 0$

$(\log_{10} x)^2 - 2\log_{10} x = 0$

$\log_{10} x(\log_{10} x - 2) = 0$

$\log_{10} x = 0$ 或 $\log_{10} x = 2$

$\therefore x = 10^0 = 1$ 或 $x = 10^2$

檢驗知 $x = 1$ 或 10^2 為所求

隨堂練習

解方程式 $2\log_2 x - 3\log_x 2 + 5 = 0$。 $(\sqrt{2}, \dfrac{1}{8})$

二、常用對數

以 10 為底的對數,通常在應用上比較方便,稱為常用對數。習慣上,把常用對數 $\log_{10} x$ 簡記作 $\log x$,如 $\log 100 = \log_{10} 100 = 2$。

有時候,我們會碰到像 2^{50} 這樣很大的數,而想去求它是幾位數的問題。欲求此類問題,我們必須介紹有關對數之首數及尾數的概念。

一般而言,對任意正數 a 來說,均存在一介於 1 與 10 之間的數 b,使得

$a = 10^n \cdot b$, $1 \le b < 10$, n 為整數

如 $31400 = 3.14 \times 10^4$, $0.000213 = 2.13 \times 10^{-4}$

此時

$$\log a = \log(10^n \cdot b)$$

$$= \log 10^n + \log b$$

$$= n + \log b \text{ ，其中 } 0 \le \log b < 1$$

則 n 稱為對數 $\log a$ 之首數，$\log b$ 稱為其尾數。

例如：

$$\log 31400 = \log(3.14 \times 10^4)$$

$$= 4 + \log 3.14 = 4.4969$$

（由計算器得知 $\log 3.14 = 0.4969$）

$\therefore$ 其首數為 4，

尾數為 0.4969

又如

$$\log 0.000213 = \log(2.13 \times 10^{-4})$$

$$= -4 + \log 2.13 = -4 + 0.3284$$

$$= -3.6716 \quad (\log 2.13 = 0.3284)$$

$\therefore$ 其首數為 -4，尾數為 0.3284。

$\therefore$ 上式或記作 $\overline{4}.3284$

由上例，我們可了解到對數的首數及尾數有下列性質：

1. 若 $a > 1$ 而 $\log a$ 之首數為 n 時，則 a 之整數部分為 $n+1$ 位數。

2. 若 $0 < a < 1$ 而 $\log a$ 之首數為 $-n$ 時，則 a 之小數點後第 n 位不為 0，而其以前均為 0。

例 7 已知 $\log_{10} 2 = 0.3010$，$\log_{10} 3 = 0.4771$，求 $\sqrt[6]{12000}$ 為幾位數？

解
$$\log \sqrt[6]{12000} = \frac{1}{6}\log(12 \times 10^3)$$
$$= \frac{1}{6}(3 + \log 12) = \frac{1}{6}(3 + \log 3 + \log 4) = \frac{1}{6}(3 + \log 3 + 2\log 2)$$
$$= \frac{1}{6}[3 + 0.4771 + 2 \times 0.3010]$$
$$\approx 0.68$$

即 $\log \sqrt[6]{12000}$ 之首數為 0，

$\therefore \sqrt[6]{12000}$ 為 1 位數

隨堂練習

求 $(\dfrac{810}{25})^{10}$ 為幾位數？（16 位數）

習題 4-3

1. 化去下列對數符號，求各數。

(1) $\log_{27} \sqrt[3]{9}$

(2) $\log_{\frac{1}{2}} \sqrt[5]{2}$

(3) $\log_{0.1}(100)^{\frac{1}{10}}$

(4) $\log_{\frac{1}{2}}(\log_2 16)$

2. 設 $0 < b \neq 1$，$\log_b x = A$，$\log_b y = B$，$\log_b z = C$，將下列各數以 A、B、C 表之：

(1) $\log_b x^2 y^3$

(2) $\log_b \dfrac{xy}{z^2}$

(3) $\log_b \sqrt[3]{\dfrac{x}{yz^2}}$

3. 解方程式 $3 = 2^{10x}$

4. 解方程式 $\log_2(x+3) - \log_2(x-1) = 1$

5. 解方程式 $(\log_2 x)^2 - \log_2 x^3 - 4 = 0$

6. 已知 $\log_{10} 2 \doteqdot 0.3010$，$\log_{10} 3 \doteqdot 0.4771$，求 $\log_6 4$ 與 $\log_4 6$ 之值？

7. 化簡 $(\log_2 9 + \log_4 9)(\log_3 4 + \log_9 2)$。

8. 設 $\log_{11} 2 = a$，$\log_{11} 3 = b$，試以 a 和 b 表示 $\log_{44} 66$。

4-4 對數函數及其圖形

設 $a > 0$ 且 $a \neq 1$，定義函數 $f: x \to \log_a x$，$x > 0$ （或記作 $f(x) = \log_a x$，$x > 0$），則稱 f 為以 a 為底的對數函數。

本節的目的和作法，是想藉由實際作圖來探討一些有關對數函數的性質，和指數函數一樣，我們願意從若干實例著手，從而得到一些結論。

 例 1 試作函數 $y = f(x) = \log_2 x$ 及 $y = g(x) = \log_3 x$ 之圖形並作比較。

解 (1) 列表

※表 4-3

x	……$\dfrac{1}{8}$，$\dfrac{1}{4}$，$\dfrac{1}{2}$，1，2，4，8……
$\log_2 x$	……-3，-2，-1，0，1，2，3……

x	……$\dfrac{1}{27}$，$\dfrac{1}{9}$，$\dfrac{1}{3}$，1，3，9，27……
$\log_3 x$	……-3，-2，-1，0，1，2，3……

(2) 描點並作圖

由圖 4-3 觀察發現：

(1) f, g 之圖形均落在 y 軸之右方。

（$\because f(x)$，$g(x)$ 之變數 $x > 0$）

(2) f, g 之圖形均由左而右向上升。

※圖 4-3

又若在同樣坐標平面上，畫出指數函數 $y = 2^x$ 及 $y = 3^x$ 之圖形，我們當可看出 $y = 2^x$ 與 $y = \log_2 x$ 及 $y = 3^x$ 與 $y = \log_3 x$ 之兩組圖形對直線 $y = x$ 對稱。

隨堂練習

試問 $y = \log_a x$ ， $a > 1$ 之圖形是否與 $y = \log_2 x$ ， $y = \log_3 x$ 類似？（略）

例 2 試作函數 $y = \log_{\frac{1}{2}} x$ 之圖形並與前例 $y = \log_2 x$ 之圖形比較。

解 (1) 列表

※表 4-4

x	...... $\frac{1}{16}$	$\frac{1}{8}$	$\frac{1}{4}$	$\frac{1}{2}$	1，	2，	4，	8，	16......
$\log_{\frac{1}{2}} x$	...... 4，	3，	2，	1，	0，	-1，	-2，	-3，	-4......

(2) 描點並作圖形如下：

由圖 4-4 觀察可知：

(1) $y = \log_{\frac{1}{2}} x$ 之 圖 形 和 $y = \log_2 x$ 一樣，均在 y 軸之右方。

(2) $y = \log_{\frac{1}{2}} x$ 之圖形由左而右向下降。與 $y = \log_2 x$ 相反。但兩圖形對 x 軸對稱。

又若在同一坐標平面上，畫出 $y = (\frac{1}{2})^x$ 之圖

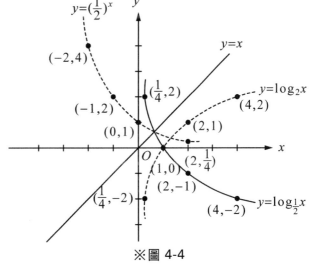

※圖 4-4

形，是否 $y = (\frac{1}{2})^x$ 與 $y = \log_{\frac{1}{2}} x$ 兩圖形對直線 $y = x$ 為對稱？答案是肯定的。

隨堂練習

比較 $y = \log_{\frac{1}{2}} x$ 與 $y = \log_{\frac{1}{3}} x$ 兩圖形。（略）

上述有關對數函數性質的討論，將之歸納為以下定理。

☑ 定理 4-5

設函數 $f(x) = \log_a x$ ， $0 < a \neq 1$ ，則下列性質成立。

(1) 若 $0 < a < 1$ ，則 $f(x)$ 之圖形由左而右向下降；若 $a > 1$ ，則 $f(x)$ 之圖形由左而右向上升。

(2) $y = \log_a x$ 與 $y = \log_{\frac{1}{a}} x$ 兩圖形對 x 軸對稱。

習題 4-4

將下列 1～4 題各數，由小而大排列。

1. $\log_3 0.4$ ， $\log_3 5$ ， $\log_3 3.5$

2. $\log_{0.2} 2$ ， $\log_{0.2} 0.5$ ， $\log_{0.2} 3$

3. $\log_{0.1} 2$ ， $\log_{0.3} 2$ ， $\log_{0.4} 2$

4. $\log_{0.2} \dfrac{1}{3}$ ， $\log_{0.3} \dfrac{1}{3}$ ， $\log_{0.5} \dfrac{1}{3}$

5. (1) 作 $y = \log_4 x$ 之圖形。

   (2) 利用 $y = \log_4 x$ 之圖形，作出 $y = \log_{\frac{1}{4}} x$ 之圖形。

6. 已知 $\log_{10} 2 \approx 0.3010$，$\log_{10} 3 \approx 0.4771$，試比較 2^{40}，6^{20}，3^{30} 之大小？

7. 在同一座標平面上分別描繪 $y = \log_5 x$ 及 $y = \log_{10} x$ 之圖形？

Chapter 05

三角函數

5-1　銳角三角函數

　　　習題5-1

5-2　三角函數的基本關係

　　　習題5-2

5-3　簡易測量與三角函數值表

　　　習題5-3

5-4　廣義角與角的度量

　　　習題5-4

5-1　銳角三角函數

　　首先讓我們來複習一下國中時期所學過的有關三角的知識，設 $\triangle ABC$ 為一直角三角形，其中 $\angle B = 90°$，則

(1) 當 $\angle A = 30°$ 時，如圖 5-1 所示，則從幾何知識知道，30° 角所對邊長為斜邊的一半。

　　所以，若設斜邊 $\overline{AC} = 1$，則 $\overline{BC} = \dfrac{1}{2}$，並由畢氏定理，可求得另一邊長 $\overline{AB} = \dfrac{\sqrt{3}}{2}$。

(2) 當 $\angle A = 45°$ 時，如圖 5-2 所示，則 $\triangle ABC$ 又為等腰三角形，$\overline{AB} = \overline{BC}$，由畢氏定理可求得：設 $\overline{AC} = 1$ 時，$\overline{AB} = \overline{BC} = \dfrac{1}{\sqrt{2}} = \dfrac{\sqrt{2}}{2}$。

(3) 當 $\angle A = 60°$ 時，如圖 5-3 所示，則從(1)可知道：$\overline{AC} = 1$ 時，$\overline{BC} = \dfrac{\sqrt{3}}{2}$，$\overline{AB} = \dfrac{1}{2}$。

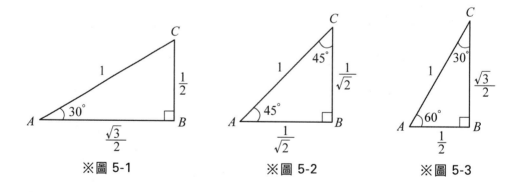

※圖 5-1　　　　　　　　※圖 5-2　　　　　　　　※圖 5-3

一、銳角三角函數

　　設 $\triangle ABC$ 為一直角三角形，如下圖 5-4 所示，其中 $\angle B$ 為直角，$\overline{AC}$ 為斜邊，$\angle A = \theta$ 為銳角，並設 $\overline{BC} = a$，$\overline{AC} = b$，$\overline{AB} = c$。

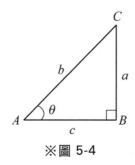

※圖 5-4

則定義六個三角函數如下：

$$\sin\theta = \frac{對邊}{斜邊} = \frac{\overline{BC}}{\overline{AC}} = \frac{a}{b}$$ 　稱為 θ 的正弦函數值。

$$\cos\theta = \frac{鄰邊}{斜邊} = \frac{\overline{AB}}{\overline{AC}} = \frac{c}{b}$$ 　稱為 θ 的餘弦函數值。

$$\tan\theta = \frac{對邊}{鄰邊} = \frac{\overline{BC}}{\overline{AB}} = \frac{a}{c}$$ 　稱為 θ 的正切函數值。

$$\cot\theta = \frac{鄰邊}{對邊} = \frac{\overline{AB}}{\overline{BC}} = \frac{c}{a}$$ 　稱為 θ 的餘切函數值。

$$\sec\theta = \frac{斜邊}{鄰邊} = \frac{\overline{AC}}{\overline{AB}} = \frac{b}{c}$$ 　稱為 θ 的正割函數值。

$$\csc\theta = \frac{斜邊}{對邊} = \frac{\overline{AC}}{\overline{BC}} = \frac{b}{a}$$ 　稱為 θ 的餘割函數值。

 例 1 　設 $\theta = 30°$，求 θ 的六個三角函數值？

 解 　即求 $\sin 30°$，$\cos 30°$，$\tan 30°$，…之值。

如圖所示，易知

$$\sin 30° = \frac{\overline{BC}}{\overline{AC}} = \frac{\frac{1}{2}}{1} = \frac{1}{2}$$

※圖 5-5

$$\cos 30° = \frac{\overline{AB}}{\overline{AC}} = \frac{\frac{\sqrt{3}}{2}}{1} = \frac{\sqrt{3}}{2}$$

$$\tan 30° = \frac{\overline{BC}}{\overline{AB}} = \frac{\frac{1}{2}}{\frac{\sqrt{3}}{2}} = \frac{1}{\sqrt{3}} = \frac{\sqrt{3}}{3}$$

$$\cot 30° = \frac{\overline{AB}}{\overline{BC}} = \sqrt{3}$$

$$\sec 30° = \frac{\overline{AC}}{\overline{AB}} = \frac{2}{\sqrt{3}} = \frac{2\sqrt{3}}{3}$$

$$\csc 30° = \frac{\overline{AC}}{\overline{BC}} = 2$$

例 2 設 $0° < \theta < 90°$ 為一銳角且 $\sin\theta = \frac{3}{5}$，求角 θ 的其餘 5 個三角函數值。

解 已知 $\sin\theta = \frac{3}{5}$，$0° < \theta < 90°$，則由圖所示，利用畢

氏定理，可求出 $\overline{AB} = 4$。

所以，其餘三角函數為

$$\cos\theta = \frac{4}{5}$$

$$\tan\theta = \frac{3}{4} \quad , \quad \cot\theta = \frac{4}{3}$$

$$\sec\theta = \frac{5}{4} \quad , \quad \csc\theta = \frac{5}{3}$$

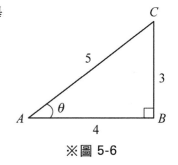

※圖 5-6

隨堂練習

設 $0° < \theta < 90°$ 且 $\tan\theta = \frac{3}{4}$，求 θ 之其餘 5 個三角函數值？

（ $\sin\theta = \frac{3}{5}$, $\cos\theta = \frac{4}{5}$, $\cot\theta = \frac{4}{3}$, $\sec\theta = \frac{5}{4}$, $\csc\theta = \frac{5}{3}$ ）

習題 5-1

1. 設 $\theta = 45°$，求 θ 之六個三角函數值？

2. 設 $\theta = 60°$，求 θ 之六個三角函數值？

3. 已知 $\triangle ABC$ 中，$\angle C$ 為直角，且 $\overline{BC} = 7$、$\overline{AC} = 24$。則 $\sin A$？

4. 設 θ 為銳角，若 $\tan \theta = \sqrt{2}$，試求 $\sqrt{3} \sin \theta + \sqrt{6} \cos \theta = ?$

5. 求 $(\cos 30° + \sin 30°)(\cos 30° - \sin 30°) = ?$

6. 設 $0 \le \theta \le \dfrac{\pi}{2}$，$\cot \theta = 1$，則 $\sin \theta \cos \theta = ?$

5-2　三角函數的基本關係

一、三角函數的基本關係

茲介紹基本的三角函數關係如下：

（一）平方關係式

1. $\sin^2\theta + \cos^2\theta = 1$

2. $1 + \tan^2\theta = \sec^2\theta$

3. $1 + \cot^2\theta = \csc^2\theta$

 由定義知

$$\sin\theta = \frac{a}{b} \text{ , } \cos\theta = \frac{c}{b}$$

$$\sin^2 + \cos^2\theta$$

$$= (\frac{a}{b})^2 + (\frac{c}{b})^2 = \frac{a^2}{b^2} + \frac{c^2}{b^2} = \frac{a^2 + c^2}{b^2} = \frac{b^2}{b^2} = 1$$

同理可證 2、3 兩式成立。

（二）倒數關係式

1. $\tan\theta = \dfrac{1}{\cot\theta}$

2. $\sec\theta = \dfrac{1}{\cos\theta}$

3. $\csc\theta = \dfrac{1}{\sin\theta}$

 由定義知

$$\tan\theta = \frac{a}{c} = \frac{1}{\dfrac{c}{a}} = \frac{1}{\cot\theta}$$

同理可證 2、3 兩式成立。

（三）商數關係式

1. $\tan\theta = \dfrac{\sin\theta}{\cos\theta}$

2. $\cot\theta = \dfrac{\cos\theta}{\sin\theta}$

 證明 由定義知

$$\frac{\sin\theta}{\cos\theta} = \frac{\dfrac{a}{b}}{\dfrac{c}{b}} = \frac{a}{c} = \tan\theta$$

同理可證 2 式成立

（四）餘角關係式

1. $\sin(\dfrac{\pi}{2} - \theta) = \cos\theta$

2. $\cos(\dfrac{\pi}{2} - \theta) = \sin\theta$

3. $\tan(\dfrac{\pi}{2} - \theta) = \cot\theta$

4. $\cot(\dfrac{\pi}{2} - \theta) = \tan\theta$

5. $\sec(\dfrac{\pi}{2} - \theta) = \csc\theta$

6. $\csc(\dfrac{\pi}{2} - \theta) = \sec\theta$

證明從略。例如 $\sin 31° = \sin(\dfrac{\pi}{2} - 59°) = \cos 59°$

例 1 已知 $\sec\theta = \dfrac{13}{5}$ 且 θ 為銳角，求 $\dfrac{\sin\theta + \cos\theta}{\sin\theta - \cos\theta}$ 之值？

解 已知 $\sec\theta = \dfrac{13}{5}$　$\therefore \cos\theta = \dfrac{5}{13}$

又 $\sin^2\theta + \cos^2\theta = 1$

$$\Rightarrow \sin^2\theta = 1 - \cos^2\theta = \frac{144}{169}$$

$$\Rightarrow \sin\theta = \frac{12}{13}$$

$$\therefore \ \frac{\sin\theta + \cos\theta}{\sin\theta - \cos\theta} = \frac{\dfrac{12}{13} + \dfrac{5}{13}}{\dfrac{12}{13} - \dfrac{5}{13}} = \frac{17}{7}$$

例 2 求 $\sin^2 15° - \tan 110° \cot 110° + \cos^2 15°$ 之值？

解 原式 $= \sin^2 15° + \cos^2 15° - \tan 110° \cot 110°$

$$= 1 - 1$$

$$= 0$$

例 3 設 $\tan\theta = 1$ 且 θ 為銳角，求 $\dfrac{3\cos\theta - \sin\theta}{\sin\theta + 2\cos\theta}$ 之值。

解 本題以特殊解法較方便

$$\frac{3\cos\theta - \sin\theta}{\sin\theta + 2\cos\theta} = \frac{3 - \tan\theta}{\tan\theta + 2} \quad （分母，分子同除以 \cos\theta）$$

$$= \frac{2}{3}$$

例 4　求 $\sin 31° \cos 59° + \sin 59° \cos 31°$ 之值。

解　$\sin 31° \cos 59° + \sin 59° \cos 31°$
$= \sin 31° \sin 31° + \cos 31° \cos 31°$
$= \sin^2 31° + \cos^2 31°$
$= 1$

隨堂練習

求 $\sin \dfrac{\pi}{4} \cos \dfrac{\pi}{4} + \cos \dfrac{\pi}{4} \sin \dfrac{\pi}{4}$ 之值？　(1)

5-2

1. 求 $\sin\dfrac{\pi}{3}\cos\dfrac{\pi}{4}\tan\dfrac{\pi}{8}\cot\dfrac{\pi}{8}\sec\dfrac{\pi}{4}\csc\dfrac{\pi}{3}$ 之值。

2. 設 $\cot\theta = -3$，求 $\dfrac{2\cos\theta + 3\sin\theta}{2\sin\theta + \cos\theta}$ 之值。

3. 求 $\sin^2\dfrac{\pi}{5} + \cos^2\dfrac{\pi}{5} + \tan^2\dfrac{\pi}{6} - \sec^2\dfrac{\pi}{6}$ 之值。

4. 已知 $\sin^2\theta + \cos^2\theta = 1$ 且 $\sin(90° - \theta) = \cos\theta$，則 $(\sin 23° - \sin 67°)^2 + \sin(23° + \sin 67°)^2 = ?$

5. 已知 $\sin\theta = \dfrac{1}{3}$，求 $\cos^2\theta = ?$

6. 已知 $\sin 2\theta = 2\sin\theta\cos\theta$，求 $(\sin 15° + \cos 15°)^2 = ?$

7. $\sin^2 210° + \cos^2 570° + \sec^2 930° - \tan^2 1290° + \csc^2 1650° - \cot^2 2010° = ?$

8. 若 $2\sin^2\theta + 5\cos\theta - 4 = 0$，則 $\cos\theta = ?$

5-3 簡易測量與三角函數值表

一、平面三角測量

　　平面三角測量的理論，即在於利用三角學的原理與概念來測量一些無法直接測量的問題，如海上船的遠近，山的高低等等。解決這些測量問題，我們常將它轉化成三角測量的數學問題，並用數學方法來處理。

（註：右上圖）觀測物、觀測線、觀測點、仰角α、俯角β、水平線、觀測物 ※圖 5-7

　　在討論三角學測量的問題時，我們有一些慣用的術語名詞，如觀測線，仰角 60°，俯角 30° 及東 30° 北，南 45° 東之方位術語等，大家必須先有所了解。茲簡單介紹如下並參看圖 5-7 所示。

1. 觀測線：觀測點與觀測物所連結而成的直線。

2. 仰角：觀測者仰視觀測物時，觀測線與水平線的夾角。

3. 俯角：觀測者俯視觀測物時，觀測線與水平線的夾角。

4. 方位：指觀測物所在的方向位置。在有些實際測量的時候，觀測物所在的方位是不可缺的。除了一般所謂的東，西，南，北四個主要方位外，還有許多其他的方位，如東 30° 北，南 20° 西，東北，西南等。如圖 5-8 及 5-9 所示。

※圖 5-8

※圖 5-9

例 1 有一棵樹不知高低，某人在樹前 120 公尺之地面 A 點測得與樹頂 C 的仰角為 45°，如圖 5-10 所示，求樹的高度？

解 設樹高為 x 公尺，

則易知 $\tan 45° = \dfrac{x}{120}$

$\therefore 1 = \dfrac{x}{120}$

$\therefore x = 120$（公尺）……這樹真高呀！

※圖 5-10

例 2 甲從地面 A 處測得一塔頂 C 之仰角為 30°，再前進 100 公尺至 B 處，又側得 C 之仰角為 45°，求塔的高度？

解 如圖 5-11 所示：

(1) $\tan 45° = \dfrac{x}{\overline{BD}}$

$\Rightarrow 1 = \dfrac{x}{\overline{BD}}$

$\Rightarrow \overline{BD} = x$

(2) $\tan 30° = \dfrac{x}{100 + x}$

$\Rightarrow \dfrac{1}{\sqrt{3}} = \dfrac{x}{100 + x}$

$\Rightarrow \sqrt{3}x = 100 + x$

$\Rightarrow (\sqrt{3} - 1)x = 100$

$\Rightarrow x = \dfrac{100}{\sqrt{3} - 1} = \dfrac{100(\sqrt{3} + 1)}{(\sqrt{3} - 1)(\sqrt{3} + 1)} = 50(\sqrt{3} + 1)$（公尺）

這塔高還好，比台北 101 還低

※圖 5-11

例 3 設 $\triangle ABC$ 之二邊長分別為 2 與 $\sqrt{3}$，且此二邊之夾角為 $30°$，求此三角形之面積？

解 $\sin 30° = \dfrac{\overline{CD}}{\sqrt{3}}$

$\therefore$ 高 $\overline{CD} = \sqrt{3} \cdot \sin 30°$

$\qquad = \sqrt{3} \cdot \dfrac{1}{2}$

$\qquad = \dfrac{\sqrt{3}}{2}$

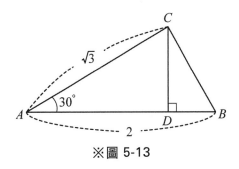

※圖 5-13

$\therefore \triangle ABC$ 之面積為 $\dfrac{1}{2} \cdot 2 \cdot \dfrac{\sqrt{3}}{2} = \dfrac{\sqrt{3}}{2}$

習題 5-3

1. 一人在一塔前 8 公尺處，從地面測得此塔頂的仰角為 60°，求塔的高度？

2. 有一山不知高低，甲在山前地面 A 處測得山頂 C 之仰角為 45°，再前進 200 公尺 B 處，測得仰角 60°，求此山高？

3. 有一船向東航行，在東 45° 北的方位發現一燈塔 C 後，再繼續向東航行 30 浬，此時燈塔的方位變為西 30° 北，求此時船與燈塔的距離？

4. 設 ΔABC 之二邊長分別為 2 與 $\sqrt{3}$，且此二邊之夾角為 45°，求此三角形的面積？

5-4 廣義角與角的度量

在國中時代，我們所學「角」的概念，它的大小只是介於 0° 與 180° 之間，但為應用更方便起見，在此將角的意義擴充到如 500°，1000°，甚至於負角的概念，如 −300°，−600° 等等。這即是廣義角（有向角）的意涵。

一、廣義角（有向角）

如圖 5-17、圖 5-18，設有一射線 $\overrightarrow{OA}$ 以 O 為旋轉中心，逆時針方向旋轉到 $\overrightarrow{OB}$，則形成一廣義角 $\angle AOB$，稱為正角。圖 5-19、圖 5-20，則表示一射線 $\overrightarrow{OC}$ 以 O 為旋轉中心，順時針方向旋轉到 $\overrightarrow{OD}$，則形成一廣義角 $\angle COD$，稱為負角。其中射線 $\overrightarrow{OA}$，$\overrightarrow{OC}$ 稱為始邊，$\overrightarrow{OB}$，$\overrightarrow{OD}$ 稱為終邊。

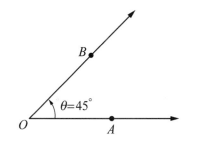

※圖 5-17　廣義角 $\angle AOB$ 為正角

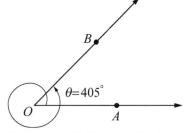

※圖 5-18　廣義角 $\angle AOB$ 為正角

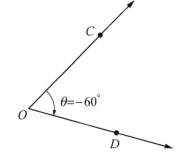

※圖 5-19　廣義角 $\angle COD$ 為負角

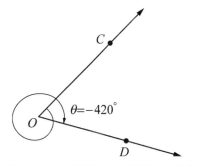

※圖 5-20　廣義角 $\angle COD$ 為負角

二、角的度量

角大小的測量，通常採用度的度量和弧度的度量兩種。度的度量，乃將圓周分為 360 等分，每一等分的圓弧所對的圓心角，稱為一度。每一度的 60 等分，稱為一分；一分的 60 等分稱為一秒。20 度 10 分 5 秒記作 $20°10'5''$。

弧度的度量，弧度又稱弳度，乃在圓周上取一段與半徑等長的圓弧，則此圓弧所對的圓心角稱為一弧度或稱一弳度。易知，以弧度來度量，則一圓之圓心角為 2π 弧度，以度來度量則為 $360°$，所以

$$2\pi \quad （弧度）= 360°$$

簡記作 $2\pi = 360°$（弧度可省略不寫）

所以

$$\pi = 180° \quad 即 \pi （弧度）= 180°$$

$$\frac{\pi}{2} = 90°$$

$$\frac{\pi}{3} = 60°$$

$$\frac{\pi}{4} = 45°$$

$$\frac{\pi}{6} = 30°$$

$$1 （弧度）= \frac{180°}{\pi} \approx 57°$$

反之，$1° = \dfrac{\pi}{180}$（弧度）

例 1 $\dfrac{5\pi}{6}$ 等於多少度？

解 $\because \pi = 180°$

$\therefore \dfrac{5\pi}{6} = \dfrac{5}{6} \cdot 180° = 150°$

例 2 −300° 等於多少弧度？

解 $1° = \dfrac{\pi}{180}$（弧度）

$\therefore -300° = -300 \times \dfrac{\pi}{180}$（弧度）

$= -\dfrac{5\pi}{3}$（弧度）

利用上述觀念，我們可得弧長公式與扇形面積公式如下：

☑ 定理 5-1　　弧長公式

設一圓的半徑 r，一圓心角 θ（弧度）所對的弧長為 s，則

$$s = r\theta$$

證明 圓半徑 r，$\therefore$ 圓周為 $2\pi r$

則 $\dfrac{s}{2\pi r} = \dfrac{\theta}{2\pi}$（$\because$ 等式兩邊之比例相等）

$\Rightarrow 2\pi s = 2\pi r\theta$

$\Rightarrow s = r\theta$

例 3 已知一圓的半徑為 5 公分，求圓心角為 $\dfrac{\pi}{3}$（弧度）所對的弧長所少？

解 所對弧長 $s = r\theta$

$= 5 \cdot \dfrac{\pi}{3}$

$= \dfrac{5\pi}{3}$ 公分

已知一圓的半徑為 3 公分，求弧長 12 公分所對應的圓心角為多少弧度？
（ $\theta = 4$ （弧度））

☑ **定理 5-2**　　**扇形面積公式**

設一圓的半徑為 r，則圓心角 θ（弧度）所成的扇形面積 $A = \dfrac{1}{2}\theta r^2$　　（如圖 5-21 所示）

證明

半徑為 r 的圓面積為 πr^2，所以扇形面積

$A = \pi r^2 \cdot \dfrac{\theta}{2\pi}$　（ 2π 係指一圓的圓心角）

$\quad = \dfrac{1}{2}r^2\theta$

$\quad = \dfrac{1}{2}\theta r^2$

※圖 5-21

例 4　設一圓的半徑為 6 公分，圓心角 $\dfrac{\pi}{3}$（弧度），求此一扇形面積？

解　依公式扇形面積 $A = \dfrac{1}{2}\theta r^2$，得

所求扇形面積

$A = \dfrac{1}{2} \cdot \dfrac{\pi}{3} \cdot 6^2$

$\quad = 6\pi\,(公分)^2$

若一圓的半徑為 8 公分,圓心角為120°,求此扇形面積? ($\dfrac{64}{3}\pi$)

三、標準位置角

在坐標平面上,**讓廣義角的頂點在原點,始邊取 x 軸之正向,則此角稱為標準位置角**。

一個標準位置角,看它的終邊落在哪個象限,就說它是哪個象限角。

例 5 試作標準位置角 $450°$,$-\dfrac{3\pi}{4}$ 兩圖形。

解

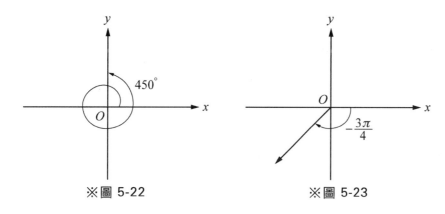

※圖 5-22   ※圖 5-23

四、同界角

具有相同始邊與終邊的角,稱為同界角。

比如角 θ 的同界角有

$$\theta + 2\pi \ , \ \theta - 2\pi$$
$$\theta + 4\pi \ , \ \theta - 4\pi$$
$$\theta + 6\pi \ , \ \theta - 6\pi$$
$$\vdots \qquad \vdots$$

上述同界角可歸納為

$$\theta + 2n\pi \ , \ \ n = \pm 1 \ , \ \pm 2 \ , \ \pm 3 \ , \ \cdots$$

例 6 試問 $\dfrac{\pi}{3}$ 與 $\dfrac{7\pi}{3}$ 是否為同界角？

解 $\dfrac{7\pi}{3} = \dfrac{\pi}{3} + 2\pi$

所以 $\dfrac{\pi}{3}$ 與 $\dfrac{7\pi}{3}$ 為同界角

五、廣義角之三角函數

前節對「廣義角」的概念如 $500°$，$-300°$ 等，我們都已有所說明，今將進一步來介紹有關「廣義角之三角函數」如 $\sin 500°$，$\tan(-300°)$ 之意義。

對任意標準位置角 θ 而言，取其終邊上異於原點之任一點 $P(x, y)$，並令 $r = \overline{OP} = \sqrt{x^2 + y^2}$，如圖 5-24～圖 5-27 所示，則仿「銳角 θ 之三角函數」定義，可擴充「廣義角之三角函數」定義如下：

θ 在第一象限
※圖 5-24

θ 在第二象限
※圖 5-25

θ在第三象限
※圖 5-26

θ在第四象限
※圖 5-27

$$\sin\theta = \frac{y}{r} = \frac{y}{\sqrt{x^2+y^2}} \cdots\cdots 正弦函數$$

$$\cos\theta = \frac{x}{r} = \frac{x}{\sqrt{x^2+y^2}} \cdots\cdots 餘弦函數$$

$$\tan\theta = \frac{y}{x}(x \neq 0) \cdots\cdots 正切函數$$

$$\cot\theta = \frac{x}{y}(y \neq 0) \cdots\cdots 餘切函數$$

$$\sec\theta = \frac{r}{x} = \frac{\sqrt{x^2+y^2}}{x}(x \neq 0) \cdots\cdots 正割函數$$

$$\csc\theta = \frac{r}{y} = \frac{\sqrt{x^2+y^2}}{y}(y \neq 0) \cdots\cdots 餘割函數$$

　　這裡值得一提的是，當 θ 為第一象限角時，上述六個三角函數之定義，其實和「銳角三角函數」之定義相同。

　　另外，由上述六個三角函數之定義，我們可得三角函數之正負值，如表 5-1。

※表 5-1　三角函數之正負值

	I $(x>0, y>0)$	II $(x<0, y>0)$	III $(x<0, y<0)$	IV $(x>0, y<0)$
$\sin\theta$ $\csc\theta$	+	+	−	−
$\cos\theta$ $\sec\theta$	+	−	−	+
$\tan\theta$ $\cot\theta$	+	−	+	−

 例 7　試求出 $\sin 0$，$\sin\dfrac{\pi}{2}$，$\cot\dfrac{5\pi}{4}$ 之值。

解　(1) 如圖 5-28，當標準位置角 $\theta = 0$
時，其終邊剛好為射線 $\overrightarrow{OX}$，所
以可在 $\overrightarrow{OX}$ 上任取一點 $P(1,0)$，則
可知

$$\sin 0 = \frac{0}{\sqrt{1^2+0^2}}$$
$$= \frac{0}{1}$$
$$= 0$$

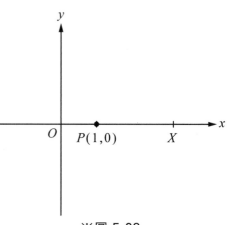

※圖 5-28

(2) 如圖 5-29，當標準位置角 $\theta = \dfrac{\pi}{2}$
時，其終邊剛好為射線 $\overrightarrow{OY}$，所
以可在 $\overrightarrow{OY}$ 上任取一點 $P(0,1)$，則
可知

$$\sin\frac{\pi}{2} = \frac{1}{\sqrt{0^2+1^2}}$$
$$= \frac{1}{1}$$
$$= 1$$

※圖 5-29

(3) 如圖 5-30 由幾何知識了解，可在

廣義角 $\dfrac{5\pi}{4}$ 之標準位置角終邊上任

取一點

$P(-1,-1)$，則

$\cot(\dfrac{5\pi}{4}) = \dfrac{x}{y} = \dfrac{-1}{-1} = 1$

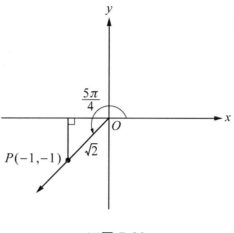

※圖 5-30

〔例 8〕 設有一標準位置角 θ，其終邊上有一點 $Q(3,-4)$，求 θ 的六個三角函數值。

〔解〕 如圖 5-31 所示：

※圖 5-31

已知 $Q(3,-4)$

$\therefore$ 可取 $x = 3$，$y = -4$

$$\Rightarrow r = \overline{OQ} = \sqrt{x^2 + y^2} = \sqrt{3^2 + (-4)^2} = 5$$

$$\therefore \sin\theta = \frac{-4}{5} \quad \cos\theta = \frac{3}{5}$$

$$\tan\theta = \frac{-4}{3} \quad \cot\theta = \frac{3}{-4}$$

$$\sec\theta = \frac{5}{3} \quad \csc\theta = \frac{5}{-4}$$

 隨堂練習

設有一標準位置角 θ，其終邊上有一點 $P(-3,4)$，求 θ 的六個三角函數值。

($\sin\theta = \frac{4}{5}$, $\cos\theta = -\frac{3}{5}$, $\tan\theta = -\frac{4}{3}$, $\cot\theta = -\frac{3}{4}$, $\sec\theta = -\frac{5}{3}$, $\csc\theta = \frac{5}{4}$)

 例 9　設 $\pi < \theta < 2\pi$ 且 $\tan\theta = \frac{3}{4}$，求 θ 的其餘三角函數值。

解　$\because \pi < \theta < 2\pi$ 且 $\tan\theta = \frac{3}{4} = \frac{-3}{-4} = \frac{y}{x}$，$\theta$ 在第三象限

$\therefore x < 0$，$y < 0$

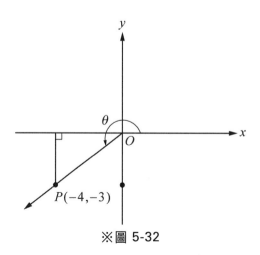

※圖 5-32

$\therefore$ 可取 $x = -4$ ，$y = -3$

$\therefore \sin\theta = \dfrac{y}{\sqrt{x^2+y^2}} = \dfrac{-3}{5}$

$\cos\theta = \dfrac{x}{\sqrt{x^2+y^2}} = \dfrac{-4}{5}$

$\cot\theta = \dfrac{x}{y} = \dfrac{-4}{-3} = \dfrac{4}{3}$

$\sec\theta = \dfrac{\sqrt{x^2+y^2}}{x} = \dfrac{5}{-4}$

$\csc\theta = \dfrac{\sqrt{x^2+y^2}}{y} = \dfrac{5}{-3}$

　　綜覽上述討論，茲將一些常用的特別角之三角函數，列表如表 5-2，以供讀者參考。

※表 5-2

θ	0	$\dfrac{\pi}{6}$	$\dfrac{\pi}{4}$	$\dfrac{\pi}{3}$	$\dfrac{\pi}{2}$	π	$\dfrac{3\pi}{2}$
$\sin\theta$	0	$\dfrac{1}{2}$	$\dfrac{\sqrt{2}}{2}$	$\dfrac{\sqrt{3}}{2}$	1	0	-1
$\cos\theta$	1	$\dfrac{\sqrt{3}}{2}$	$\dfrac{\sqrt{2}}{2}$	$\dfrac{1}{2}$	0	-1	0
$\tan\theta$	0	$\dfrac{1}{\sqrt{3}}$	1	$\sqrt{3}$	無意義	0	無意義
$\cot\theta$	無意義	$\sqrt{3}$	1	$\dfrac{1}{\sqrt{3}}$	0	無意義	0
$\sec\theta$	1	$\dfrac{2}{\sqrt{3}}$	$\sqrt{2}$	2	無意義	-1	無意義
$\csc\theta$	無意義	2	$\sqrt{2}$	$\dfrac{2}{\sqrt{3}}$	1	無意義	-1

至於如何將銳角以外的廣義角的三角函數化作銳角的三角函數來表示，如 $\cos 105°20' = \cos(\frac{\pi}{2} + 15°20') = -\sin 15°20'$。以 $\sin\theta$ 為例，我們歸納了如下的兩個準則：

(1) $\sin(\pi + \theta)$，$\sin(2\pi + \theta)$，$\sin(3\pi + \theta)$，$\sin(\pi - \theta)$，$\sin(2\pi - \theta)$，$\sin(3\pi - \theta)$，… 等等，角的形式為 $n\pi \pm \theta$ 時（n 為整數），則等式右邊之三角函數本身不變。至於等式右邊正負號如何決定？首先將 θ 視為銳角，再算出等號左邊之三角函數值的正負。而等式右邊的正負號則取與左邊三角函數值之正負一致。

例如 $\sin(3\pi + \theta) = ?$ 首先寫出 $\sin\theta$，再決定正負號。

因為 $(3\pi + \theta)$ 視為第三象限角（θ 視為銳角），$\sin(3\pi + \theta)$ 之值為負。所以，可知

$$\sin(3\pi + \theta) = -\sin\theta$$

(2) $\sin(\frac{\pi}{2} + \theta)$，$\sin(\frac{3\pi}{2} + \theta)$，$\sin(\frac{\pi}{2} - \theta)$，$\sin(\frac{3\pi}{2} - \theta)$，… 等等，角的形式為 $\frac{n\pi}{2} \pm \theta$，$n$ 為奇數時，則等式右邊之三角函數互換（即 sin 與 cos，tan 與 cot，sec 與 csc 互換）。而等式右邊之正負號的決定，與上述(1)相同。

例如 $\sin(\frac{5\pi}{2} + \theta) = ?$ 首先寫出 $\cos\theta$，再決定正負號。

因為 $\frac{5\pi}{2} + \theta$ 視為第二象限角（θ 視為銳角），$\sin(\frac{5\pi}{2} + \theta)$ 之值為正，所以，可知

$$\sin(\frac{5\pi}{2} + \theta) = \cos\theta$$

例如 $\cos\frac{25\pi}{3} = \cos(8\pi + \frac{\pi}{3}) = \cos\frac{\pi}{3} = \frac{1}{2}$

習題 5-4

1. 下列各角中,若以度表出者改以弧度表出,若以弧度表出者,改以度表出。

   (1) $240°$ (2) $-90°$ (3) $\dfrac{7\pi}{12}$ (4) $-\dfrac{\pi}{3}$

2. 設一圓的半徑為 r,求弧長 $3r$ 之圓弧所對圓心角的大小?請分別以度及弧度表出。

3. 一圓的半徑 $r = 6$,求圓心角 $\theta = 60°$ 所對之弧長?

4. 一圓的半徑 $r = 6$,求弧長 $s = 4\pi$ 之弧所對圓心角的大小?請分別以度及弧度表出。

5. 一圓的半徑 $r = 10$,則圓心角 $90°$ 所對的扇形面積為何?

6. 設有一標準位置角 θ 之終邊經過一點 $Q(-2,3)$,求 θ 的六個三角函數值。

7. 設 $-\dfrac{\pi}{2} < \theta < 0$ 且 $\sec\theta = \dfrac{3}{2}$,求 θ 的其餘三角函數值。

8. 設 $0 < \theta < \dfrac{\pi}{2}$ 且 $\tan\theta = \dfrac{3}{4}$,求 θ 的其餘三角函數值。

Chapter 06

排列與組合

6-1　　加法、乘法原理

6-2　　排　列

　　　　習題6-2

6-3　　組　合

　　　　習題6-3

在日常生活中，我們有時會碰到一些有關排列或組合觀念的問題。什麼樣的問題叫做排列問題？如 5 位實力相當的選手參加接力賽，問有多少種不同的接棒方式？（排列問題—有次序關係）而什麼樣的問題是組合問題？如從 8 位運動選手中遴選出 5 位出賽，問有多少種不同的遴選方法？（組合問題—無次序關係），另外，下一章的「機率」問題也須應用到有關「排列或組合」的觀念，如購買彩券中獎的機率如何？

要學會「排列與組合」的觀念，就必須先具有「加法與乘法原理」或樹狀圖的觀念才行，所以本章首先要跟大家介紹此項「加法與乘法原理」。

6-1　加法、乘法原理

一、加法原理

（一）加法原理１

若要完成某件事有兩種做法可供選擇。而其中一做法有 m_1 個方法，另一做法有 m_2 個方法，則完成此件事共有 $m_1 + m_2$ 個方法。

 小明想去欣賞電影，有國片與洋片，其中國片有 5 片，洋片有 3 片，問他有多少種選擇方法？

 依加法原理：5+3＝8種選擇方法

同學若能了解上述「加法原理　」的觀念，我們可以將之推論如下：

（二）加法原理２

若完成某件事有 k 種做法可供選擇。其中 1, 2, …, k 種做法分別有 m_1, m_2, …, m_k 個方法，則完成此件事共有 $m_1 + m_2 + \cdots + m_k$ 種方法。

其實「加法原理　」即為「加法原理　」在 $k = 2$ 時之特殊情形。

例 2 小華想到餐廳吃飯，其中西式的有 5 家，港式的有 3 家，中餐有 2 家，則小華吃飯有多少家可供選擇？

解 依加法原理知，有 $5+3+2=10$ 種選擇。

二、乘法原理

(一) 乘法原理

假設完成某件事須經過兩個步驟，而完成第一步驟有 m_1 種方法，完成第二步驟有 m_2 種方法，則完成此件事共有 $m_1 \times m_2$ 種方法。

我們以一個簡單的例子來說明此「乘法原理」的觀念。

例 3 從甲地至乙地有 2 條路可走，乙地到丙地有 3 條可走（如下圖所示），試問某人從甲地到丙地，共有多少種不同的走法？

先看看下圖，再作回答。

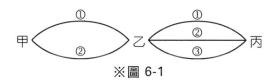

※圖 6-1

解 從圖 6-1 觀察，我們可以容易瞭解：甲地到乙地的　條路配乙地到丙地的　、　、　條路，可得 3 種不同走法。同理，甲地到乙地的　條路，配乙地到丙地的　、　、　條路，亦可得 3 種不同走法。這表示了一個觀念，即甲地到乙地的每一條路配乙地到丙地的　、　、　條路，均可得 3 種不同走法。所以甲地到丙地可配出 $2 \times 3 = 6$ 種不同條路的走法。

配合上述「乘法原理　」的說法，我們可視「完成甲地到丙地」這件事須經兩個步驟：第一步驟是「甲地到乙地」，第二步驟是「乙地到丙地」。而第一步驟有 2 種方法，第二步驟有 3 種方法，所以要完成「甲地到丙地」這件事有 $2 \times 3 = 6$ 種方法。

同學若已能了解上述「乘法原理 」的觀念，我們可以將之推論如下：

（二）乘法原理

假設完成某件事須經 k 個步驟，而

完成第一步驟有 m_1 種方法

完成第二步驟有 m_2 種方法

$\vdots$

完成第 k 步驟有 m_k 種方法

則完成此件事共有 $m_1 \times m_2 \times \cdots \times m_k$ 種方法。

其實，「乘法原理 」即為「乘法原理 」在 $k=2$ 之特殊情形。

例 4 若甲地到乙地，乙地到丙地，丙地到丁地分別有 3、4、5 條路可走，問甲地到丁地共有多少條路可走？

解 依乘法原理：有 $3 \times 4 \times 5 = 60$ 條路

例 5 某人上衣 3 件，領帶 4 條，褲子 5 件，鞋子 6 雙，外出時要穿著整齊，問共有幾種穿法？

解 依乘法原理知，共有 $3 \times 4 \times 5 \times 6 = 360$ 種穿法

例 6 護理科甲、乙、丙班分別有 50、49、48 位同學，若每班任選一位同學出來擔任交通隊服務人員，問共有多少種選法？

解 依乘法原理知，共有 $50 \times 49 \times 48 = 117600$ 種選法

例 7 1000 元紙鈔 2 張，500 元紙鈔 1 張，100 元紙鈔 4 張，可配出多少種不同款項的付款方法？

解 1000 元紙鈔 2 張有付一張，二張及不付，共 $2+1=3$ 種方法。

同理，500 元紙鈔一張有 $1+1=2$ 二種付法，100 元紙鈔 4 張有 $4+1=5$ 種付法，所以付款的方法，依乘法原理知，共有 $(2+1)(1+1)(4+1)-1=29$ 種（扣除其中一種均不付的）。

例 8 有一間 5 個門的禮堂，規定出入不能走同一個門，小蕙若進出禮堂一次，將有幾種不同的走法？

解 依乘法原理知：$5 \times 4 = 20$

6-2 排　列

一、排　列

　　將一些人或事或物有前後（或左右）順序地排成一列，稱為排列。通常「排列」指的是「直線排列」。本書將再就其中「有相同物的排列」及「可重複排列」再作說明。

二、直線排列

　　同學們想一想？現在將甲、乙、丙三人排成一列，有多少種不同的排法？（排列是有順序關係的），我們不妨把它一一列出來如下：

甲乙丙　　　甲丙乙

乙甲丙　　　乙丙甲

丙甲乙　　　丙乙甲

易知，共有 6 種方法。

　　假如問題改成甲、乙、丙……等 10 人排成一列，你能否也能將所有排列方式，容易地都一一列出？顯然這是困難的。我們有必要找出一個規則來完成它！

　　先由甲、乙、丙三人排成一列的情形來尋找它的規則：

　　將三人排成的順序以第　位，第　位，第　位（如圖 6-2）來作說明。

※圖 6-2

　　那麼，排在第　位的，甲、乙、丙三人均可，所以有 3 種排法。第　位排好後（譬如是甲）；此時，排第　位只剩下 2 種排法（乙或丙）。第　位排好後（譬如丙）；此時，排第　位只剩下 1 種排法（乙）。依乘法原理，可知甲、乙、丙排成一列的方法有 $3 \times 2 \times 1 = 6$ 種。

146

上述說明，我們亦可用圖 6-3 加以瞭解。

※圖 6-3

圖 6-3 之分析，有如樹幹之分枝，又稱樹狀圖。

例 1 甲、乙、丙、…等 10 人排成一列，方法有幾種？

※圖 6-4

解 依乘法原理：有 $10 \times 9 \times 8 \times \cdots \times 3 \times 2 \times 1$ 種

數學裡，$10 \times 9 \times 8 \times \cdots \times 3 \times 2 \times 1$ 又可簡記作 10!（10 階乘）

例 2 有 5 位實力相當的選手參加接力賽，問他們出賽接力的排法有幾種？

※圖 6-5

解 依乘法原理有：$5 \times 4 \times 3 \times 2 \times 1 = 5! = 120$ 種

例 3 甲、乙、丙、丁、戊 5 人中任選 3 位排成一列，方法有幾種？

※圖 6-6

解 ∴依乘法原理：有 $5 \times 4 \times 3 = 60$ 種

例 4 1,2,3,4,5,6,7,8,9 九個數字中任取三個數字排成一個 3 位數，有多少種 3 位數？（題意中指的是：數字不重覆）

※圖 6-7

解 ∴依乘法原理：有 $9 \times 8 \times 7 = 504$ 種

由上例可得下列重要概念：

☑ 定理 6-1

(1) n 個相異物，排成一列的方法有

$n \times (n-1) \times (n-2) \times \cdots \times 3 \times 2 \times 1 = n!$（$n$ 階乘）

另規定：$0! = 1$

(2) n 個相異物，取 r 個排成一列的方法有

$$n \times (n-1) \times (n-2) \times \cdots \times (n-r+1)$$
$$= \frac{n \times (n-1) \times (n-2) \times \cdots \times (n-r+1) \times 3 \times 2 \times 1}{(n-r) \times \cdots \times 3 \times 2 \times 1}$$
$$= \frac{n!}{(n-r)!}$$

記作 P_r^n，即 $P_r^n = n \times (n-1) \times (n-2) \times \cdots \times (n-r+1) = \frac{n!}{(n-r)!}$

例 5 0，2，4，6，8 五個數字取三個數字排成一個三位數，方法有幾種？
（題意中指的是：數字不重覆）

①	②	③
百位數	十位數	個位數

※圖 6-8

解 由 0，2，4，6，8 五個數字填入，但 "0" 不可填在百位數(1)的空位裡，
因此方法有 $4 \times 4 \times 3 = 48$ 種

隨堂練習

0，1，3，7，8，9 六個數字任取三個數字排成一個偶數的三位數，方法有幾
種？（題意中指的是：數字不重覆）（$5 \times 4 + 4 \times 4 = 36$）

例 6 甲、乙、丙、丁、戊 5 人排成一列，但

1. 甲必在首位方法有幾種？
2. 甲、乙、丙三人必相鄰方法有幾種？
3. 甲、乙、丙三人必須分離方法有幾種？

※圖 6-9

$4 \times 3 \times 2 \times 1 = 4! = 24$ 種

2. 甲、乙、丙綁在一起當作一個看待，與丁、戊排列，然後甲、乙、丙再三個排列，方法共有 $3! \times 3!$ 種

3. 丁、戊排一列，然後前後間隔再安插甲、乙、丙

譬如：

※圖 6-10

所求方法有 $2! \times 3!$ 種

隨堂練習

A、B、C、D、E、F 共六人排成一列，求：

(1) A、B 必須相鄰方法有幾種？（$5! \times 2!$）

(2) A、B 不相鄰，同時 C、D 必相鄰方法有幾種？（$3! \times 2! \times 4 \times 3$）

三、有相同物的排列

　　在一個有 n 件事物的排列當中，若出現有相同物的情形，稱為**有相同物的排列**。首先，讓我們先看一下幾個簡單的例子。

例 7 二個紅球，一個綠球，一個白球排成一列的方法有幾種？

解 先將二個紅球看作紅 $_1$、紅 $_2$ 兩個不一樣的球。

則紅 $_1$、紅 $_2$、綠、白 4 個不一樣的球，易知其有 $4! = 24$ 種不同排列。

但在所有排法中，紅 $_1$、紅 $_2$ 與紅 $_2$、紅 $_1$ 的排法其實一樣，

∴所求方法為 $\dfrac{4!}{2!} = 12$ 種

例 8 將「banana」一字的各字母任意排成一列，可有幾種不同排法？

解 banana 中的字母有 3 個 a，2 個 n，

∴不同的排列法有 $\dfrac{6!}{3!2!} = 60$ 種（先當作 6 個不同的字母排列，再考慮 3 個相同的 a，2 個相同的 n）

例 9 古詞「庭院深深深幾許」將其中文字任意排成一列，可有幾種不同排法？

解 $\dfrac{7!}{3!} = 840$ 種方法

隨堂練習

TAINAN 一字的字母任意排成一列，有幾種不同排法？（$\dfrac{6!}{2!2!}$）

從以上一些例子的討論，我們得到結論如下：

在一個有 n 件事物的排列當中，若出現有相同物件排列的情形，則其排列數為 $\dfrac{n!}{m_1!\,m_2!\cdots m_k!}$，其中 m_1，m_2，$\cdots$，m_k 分別為第 1 種，第 2 種，……，第 k 種相同物件的件數。

四、重複排列

從 n 個不同的事物中，選取 r 個排成一列，每個可重複選取時，稱為**重複排列**（可重複選取的直線排列）。其排列方法有 n^r 種，其中道理，簡單說明如下：

上述問題可視為有 r 個位置排成一列，在可重複選取的情況下，從第 1、第 2、…、到第 r 個的每個位置，都可有 n 個不同的選法，如圖 6-13 所示。

※圖 6-13

所以，易知重複排列有 $\underbrace{n \times n \times n \times \cdots \times n}_{r個n相乘} = n^r$ 種排法

例 10 從 1、2、3、4、5 五個數字中，可重複選取三個數字排成一個三位數，可有多少個不同的三位數？

解

※圖 6-14

∴共有 $5 \times 5 \times 5 = 5^3 = 125$ 個

例 **11** 數學期中考試有 10 個選擇題，每題皆是 4 選 1 的單選題，某生每題用猜的作答，問他可有多少種不同的猜測答案？

解

※圖 6-15

∵ 每題均有 4 種猜法，所以共有 4^{10} 種不同的猜測答案

例 **12** 某人上班途中共經過設有紅，綠燈的 8 個十字路口，問他可能碰到多少種不同紅綠燈的情形？

解

※圖 6-16

∴ 8 個十字路口共有 $2 \times 2 \times 2 \times \cdots \times 2 = 2^8$ 種出現不同紅綠燈的情形

隨堂練習

1. 用 0、1、2、3、4、5 作三位數，求：

   (1) 數字可重複的三位數有幾種？（$5 \times 6 \times 6$）

   (2) 數字不可重複的偶數有幾種？（$5 \times 4 + 4 \times 4 + 4 \times 4$）

2. 從 0、1、3、7、8、9 六個數字中取三個數字（數字不可重複）排成三位數的奇數，則方法有幾種？（64）

習題 6-2

1. 甲班 50 人，乙班 45 人，丙班 40 人，每班均選一人組成糾察隊，問有幾種選法？

2. 有錢幣一元的 2 枚，五元的 3 枚，十元的 2 張，五十元的 1 張，這些錢幣可組成幾種不同的幣值？

3. 由 A、B、C、D、E、F 六個字母中(1)排成一列方法有幾種？(2)規定 A 不在首，排成一列方法有幾種？

4. 由 0，2，3，4，5，6，9 七個數字，(1)可組成多少個奇數的三位數？（可重複）(2)可組成多少個奇數的三位數？（不可重複）(3)取四個數字可組成多少種車牌號碼？（可重複）

5. 「人人為我我為人人」八個字排成一列，有幾種不同排法？

6. 若將「仁心仁術」四個字任意作直線排列，則共有多少種排法？

7. 將 mhchcm 這些英文字母任意排列，問共有幾種不同的排列方法？

6-3 組　合

前一節裡，我們知道，從 n 個相異物取 r 個排成一列（有順序關係）的方法有 P_r^n。那麼，從 n 個相異物取 r 個當成一組（沒有順序關係），其方法有多少種？這即是「組合」問題。例如，從 8 位選手中，選出 3 位排成一列，有 P_3^8 種排法。而從 8 位選手中，選出 3 位為一組出賽，則有多少種選法？（組合問題）

解答這個問題，可從排列的方法想起。

在排列問題上，設其中甲、乙、丙三人被選出來排成一列，則計有下列 $3!=6$ 種不同排列法。

甲乙丙　　甲丙乙
乙甲丙　　乙丙甲
丙甲乙　　丙乙甲

但在沒有順序關係的組合問題上，則上述 $3!=6$ 種不同排列，卻都被視為相同的一組。所以，從排列的方法思考，從 8 位選手中，選出 3 位排成一列，有 P_3^8 種不同排法。但在沒有順序關係的組合問題上，則從 8 位選手中，選出 3 位一組出賽的方法為 $\dfrac{P_3^8}{3!}$。

由上面的討論，我們可以發現：

☑ 定理 6-2

從 n 個相異物，取 r 個為一組的方法為 $\dfrac{P_r^n}{r!}$，記為 C_r^n

因為 $P_r^n=\dfrac{n!}{(n-r)!}$，所以 $C_r^n=\dfrac{n!}{r!(n-r)!}$，可得 $C_0^n=1$

例 1 某班有 24 位男生，16 位女生，若選出 2 男 3 女組成啦啦隊，問有幾種不同的選法？

解 (1) 從 24 位男生選 2 位，方法有 $C_2^{24} = \dfrac{P_2^{24}}{2!} = \dfrac{24 \times 23}{2 \times 1} = 12 \times 23$ 種

(2) 從 16 位女生選 3 位，方法有 $C_3^{16} = \dfrac{P_3^{16}}{3!} = \dfrac{16 \times 15 \times 14}{3 \times 2 \times 1} = 8 \times 5 \times 14$ 種

(3) 啦啦隊的選法有 $C_2^{24} \cdot C_3^{16} = 12 \times 23 \times 8 \times 5 \times 14 = 154560$ 種

例 2 由 8 本($a,b,c,\cdots$)不同的書中，任意選出 5 本，若每次必含 a 本，則方法若干？

解 $C_4^7 = \dfrac{7!}{(7-4)!4!} = \dfrac{7 \times 6 \times 5}{3 \times 2 \times 1} = 35$（種）

例 3 某次考試共有 10 個題目，規定前 4 題中任選 2 題，後 6 題中任選 3 題作答，則有幾種選題方法？

解 $C_2^4 \times C_3^6 = \dfrac{4!}{2!2!} \times \dfrac{6!}{3!3!} = \dfrac{4 \times 3}{2 \times 1} \times \dfrac{6 \times 5 \times 4}{3 \times 2 \times 1} = 6 \times 20 = 120$ 種

例 4 樂透彩券，由 1 到 42 的號碼中，不可重複地開出 6 個號碼為一組，6 個號碼全部簽中即得頭獎。請問 1 到 42 個號碼，可開出幾組號碼？

解 $C_6^{42} = \dfrac{P_6^{42}}{6!} = \dfrac{42 \times 41 \times 40 \times 39 \times 38 \times 37}{6 \times 5 \times 4 \times 3 \times 2 \times 1} = 5245786$ 組

例 5   在一宴會中共出現 8 位政治人物，每一政治人物都會與其他的政治人物握手，這些政治人物共握了幾次手？

解 $C_2^8 = \dfrac{8!}{2!(8-2)!} = 28$ 次

隨堂練習

1. 運動員 9 人，遴選其中 5 人為選手方法有幾種？（C_5^9）

2. 正十八邊形有幾條對角線？（$C_2^{18} - 18$）

習題 6-3

1. 某校社會服務隊有男生 20 人女生 30 人，現需選派 5 名男生 3 名女生組成一小隊到山地鄉服務，請問有幾種選派方法？

2. 將 6 件不同的物品，放入 3 個相同的箱子，各放 3 件，2 件，1 件方法有幾種？

3. 一副撲克牌共有 52 張，任取 4 張且均為同一花色的情形有幾種？

4. 一圓周被 12 個點分成 12 等分，則此 12 個點可決定幾個三角形？

Chapter 07

機　率

7-1　　集　合

　　　　習題7-1

7-2　　樣本空間與事件

7-3　　機　率

　　　　習題7-3

7-1 集 合

「集合」一詞是一不需特別定義的普通名詞。但集合的概念相當重要，舉凡函數的應用、方程式的解集合、機率的概念、微積分、……等等很多數學領域，都必須用到集合的概念。「集合」的概念通常是用來說明一些人，事，物的聚集。換句話說，一些人，事，物集為一個整體，就稱為一個「集合」。而組成集合的每一份子，稱為集合的「元素」。集合通常以大寫英文字母 $A，B，C，……$ 來表示。今舉幾個集合的例子如下：

1. 所有英文字母 $a，b，c，……，x，y，z$ 形成一個集合。

2. 我們的習俗裡，12 生肖鼠，牛，虎，……，雞，狗，豬形成一個集合。

3. 自然數 $1，2，3，4，5，……$形成一個集合。

隨堂練習

試舉出一個集合的例子。（略）

一、集合的表示法

集合的表示通常有以下兩種方法：**列舉法、敘述法**。

1. **列舉法**：是指將集合中的元素一一列舉出來，並將它寫在一大括號 { } 內。
   例如

   $A = \{a，b，c\}$表示 A 是由三個元素 $a，b，c$ 所成的集合。

   $B = \{太陽，星星，月亮\}$ 表示集合 B 是由三個元素太陽，星星，月亮所成的集合。

   但若元素個數無限多而無法一一列出，有時仍可依元素的規則性加以列出一部分，而使人了解。如

   $N = \{1，2，3，4，5，……\}$表示集合 N 是所有自然數所成的集合。

列舉法的表示法中，元素出現的順序與集合本身無關，例如：

$A = \{a，b，c\} = \{b，c，a\}$，$B = \{太陽，星星，月亮\} = \{太陽，月亮，星星\}$。

2. **敘述法**：若某一種「特性」是只有某一集合中的每一個元素所具有，我們可以將此特性，利用文字或數學符號加以描述來表示此集合，稱為**敘述法**。

表示方式如下：

$\{x \mid x$具有某特性$\}$ 或 $\{y \mid y$具有某特性$\}$……等等。（x 或 y 均代表一個符號而已，本身不具任何意義）

如 $A = \{a，b，c\} = \{x \mid x$是英文前3個字母$\}$…敘述法

因為「英文前 3 個字母」是只有 $a，b，c$ 所具有的特性。而不能寫作

$\qquad A = \{x \mid x$是英文字母$\}$

又如

$$N = \{1，2，3，4，5，\cdots\cdots\} = \{x \mid x$是自然數$\} \cdots\cdots$敘述法$$

因為「自然數」是只有 $1，2，3，4，5，\cdots\cdots$ 所具有的特性。但不能寫作 $N = \{x \mid x$是整數$\}$，

在數學裡，我們以大寫英文字母

N 代表自然數的集合，

Z 或 I 代表整數的集合，

Q 代表有理數的集合，

R 代表實數的集合。

例 1 將集合 $A = \{x \mid (x+1)(x-1)(x-2) = 0\}$ 以列舉法表示。

解 $(x+1)(x-1)(x-2) = 0$

$\Rightarrow x = -1，1$ 或 2

$\therefore A = \{-1，1，2\}$

例 2 試將集合 $B = \{10，20，30，\cdots\cdots\}$ 以敘述法表示。

解 集合 B 之元素 10，20，30，……，具有 10 的正整數倍數之特性，所以

$B = \{ x \mid x = 10n，n$ 為正整數$\}$

或

$B = \{10n \mid n$ 為正整數$\}$ 皆可

隨堂練習

試將集合 $C = \{10，100，1000，\cdots\cdots\}$ 以敘述法表示。（略）

二、元素與集合的關係

元素與集合的關係，用符號「$\in$」表示「屬於」，「$\notin$」表示「不屬於」。如 $a \in A$ 表示 a 屬於 A，即 a 是集合 A 的一個元素。$b \notin A$ 表示 b 不屬於 A，即 b 不是集合 A 的一個元素。

例 3 設 $D = \{$太陽，月亮$\}$，表示集合 D 是由「太陽」、「月亮」兩元素所組成的。則太陽 $\in D$，月亮 $\in D$，但星星 $\notin D$。

三、部份集合（子集合）

設 A、B 為兩集合，若 B 中之每一元素，均為 A 中之元素，則稱 B 為 A 之部分集合（或稱子集合）。記作 $B \subset A$（讀作 B 包含於 A），或 $A \supset B$（讀作 A 包含 B），亦即表示集合 B 的元素均為集合 A 的元素。圖示如圖 7-1：

又我們顯然知道 $N \subset Z \subset Q \subset R$。

※圖 7-1

且依部份集合的意義，可知對任何集合 A 而言，我們可以寫作 $A \subset A$。亦即表示：任何集合 A 皆為本身 A 的部份集合。

四、集合相等

若兩集合 A，B 所有元素均相同，則稱 A 與 B 相等，記作 $A = B$。

例 4 $A = \{1, -1\}$，$B = \left\{x \middle| x^2 - 1 = 0\right\}$，則 $A = B$。

解 $x^2 - 1 = 0 \Rightarrow x = \pm 1$，$\therefore A = B$

五、空集合

為討論與應用方便起見，我們稱沒有任何元素的集合為空集合，記作 ϕ。在集合概念裡，空集合「ϕ」的意思，好比討論「數」概念時，「零」的意思。如

集合 $A = \{x | x \neq x\}$ 是為一空集合。亦即 $A = \phi$。

又因空集合 ϕ 沒有任何元素，所以可視作任意集合 A 之部分集合。即 $\phi \subset A$。

例 5 設集合 $A = \{a，b，c\}$，求 A 之所有部份集合？

解 $\{a\}$，$\{b\}$，$\{c\}$，$\{a，b\}$，$\{a，c\}$，$\{b，c\}$，$\{a，b，c\}$，ϕ，共有 $2^3 = 8$ 個部份集合

隨堂練習

$A = \{1,2,3,4,5,6\}$，$B = \{2,3,4\}$，下列敘述那些正確？

(A) $1 \in A$　　(B) $5 \in B$　　(C) $6 \notin B$　　(D) $A \supset B$　　(E) $\phi \subset A$　　(F) $B \subset B$

(G) B 集合有 8 個子集合　　(H) $3 \subset A$　　　　　　　　　　　((A)(C)(D)(E)(F)(G))

六、宇　集

　　當我們討論有關某些個集合的問題時，常會聯想到含蓋這些集合的一個「大集合」，而稱此「大集合」為這些集合的「**宇集**」(union set)。常以符號「∪」來表示。

　　例如，設某班學生 45 人，期中考成績數學及格學生 10 人，英文及格學生 20 人，兩科都及格學生 5 人。此時，當我們設期中考數學成績及格的學生為集合 A，英文成績及格的學生為 B 時，那麼全班學生的集合即為這些集合的宇集「∪」。

　　習慣上，我們常以一個大長方形來表示宇集「∪」，而其他有關的集合，就畫在此長方形內來表示。如圖 7-2 所示。

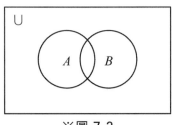

※圖 7-2

七、補　集

　　對某一集合 A 而言，在宇集∪內，而不在集合 A 中的元素所成的集合，稱為 A 之補集。以符號「A'」表示，即 $A' = \{x \mid x \in ∪ 但 x \notin A\}$。如右圖橫線部份所示。

※圖 7-3

　　承上例，A 表示數學成績及格的學生集合，則 A 之補集 A' 即表示數學成績不及格的學生集合。

八、集合的運算與圖示

數有四則運算加、減、乘、除,而集合也有所謂的交集、聯集、差集等三則運算。今敘述如下:

九、交 集

設 A,B 為兩集合,則在集合 A 且在集合 B 的元素(即 A 與 B 所共有的元素)所成的集合,稱為 A 與 B 的交集,以符號 $A \cap B$ 表示之。

亦即

$$A \cap B = \{x \mid x \in A \text{ 且 } x \in B\}$$

圖示如圖 7-3 所示:

$$A \cap B$$
※圖 7-3

顯然, $A \cap B = B \cap A$。

例 6 設 $A = \{a,b,c\}$, $B = \{b,c,d\}$,求 $A \cap B$?

解 依 $A \cap B$ 之意義,易知

$$A \cap B = \{b,c\}$$

十、聯 集

設 A,B 為兩集合,則在集合 A 或在集合 B 的元素(即 A 與 B 之所有元素)所成的集合,稱為 A 與 B 的聯集,以符號 $A \cup B$ 表示之。

亦即

$$A \cup B = \{x \mid x \in A \text{ 或 } x \in B\}$$

圖示圖 7-4 所示：

$A \cup B$

※圖 7-4

顯然，$A \cup B = B \cup A$。

例 7　承上例，求 $A \cup B$？

解　依 $A \cup B$ 之意義，易知

$$A \cup B = \{a \text{，} b \text{，} c \text{，} d\}$$

十一、差　集

設 A，B 為兩集合，則在集合 A，但不在集合 B 之元素所成的集合，稱為 A 與 B 的差集，以符號 $A - B$ 表示之。

亦即

$$A - B = \{x \mid x \in A \text{ 但 } x \notin B\}$$

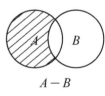

$A - B$

※圖 7-5

圖示如圖 7-5：

以上所有圖示，稱為文氏圖。

例 8 承上例，求 $A-B$ 與 $B-A$？

解 依差集 $A-B$ 之意義，知

$$A-B = \{a\}，B-A = \{d\}$$

可知 $A-B \neq B-A$

隨堂練習

設 $A = \{1，2，3，4，5，\cdots\}$，$B = \{2，4，6，8，\cdots\}$，求 $A\bigcap B$，$A\bigcup B$，及 $A-B$？　（$A\bigcap B = B$，$A\bigcup B = A$，$A-B = \{1,3,5,7,9,\cdots\}$）

十二、集合的元素個數表示法

一個集合 A 中的元素個數，以 $n(A)$ 來表示。如 $A = \{1，2，3\}$，則 $n(A) = 3$；$B = \{a，b，c，\cdots，x，y，z\}$，則 $n(B) = 26$。

若一集合的元素個數為有限個，則稱此集合為有限集合。而若一集合的元素個數為無限多個，則稱為無限集合。例如上例 A、B 兩集合為有限集合，而自然數的集合 N，整數的集合 I，有理數的集合 Q 以及實數的集合 R，則均為無限集合。

十三、聯集與交集的元素個數關係

有關二集合 A 與 B 之聯集「$A\bigcup B$」之元素個數的討論，我們可以試著從集合文氏圖的表示法中，找到一個重要的關係如下：

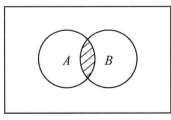

※圖 7-6

$$n(A\bigcup B)=n(A)+n(B)-n(A\bigcap B)$$

意即$(A\bigcup B)$的元素個數等於 A 之元素個數＋B 之元素個數－$(A\bigcap B)$之元素個數。

 例 9 設 $A=\{a，b，c，d\}$，$B=\{a，b，c，e\}$，驗證 $n(A\bigcup B)=n(A)+n(B)-n(A\bigcap B)$。

 證明　$n(A)=4$，$n(B)=4$

又 $A\bigcup B=\{a，b，c，d，e\}$，$A\bigcap B=\{a，b，c\}$

$\therefore n(A\bigcup B)=5$，$n(A\bigcap B)=3$

$\therefore n(A\bigcup B)=n(A)+n(B)-n(A\bigcap B)$

$$=4+4-3$$

$$=5\quad 得證$$

例 10 設某班學生 45 人，期中考數學成績及格學生 10 人，英文成績及格學生 20 人，兩科都及格 5 人，問數學與英文至少一科及格多少人？兩科都不及格有多少人？

解　設數學、英文及格學生的集合分別為 A、B，依題意則

$n(A)=10$，$n(B)=20$，$n(A\bigcap B)=5$

$\therefore n(A\bigcup B)=n(A)+n(B)-n(A\bigcap B)$

$$=10+20-5$$

$$=25$$

即至少一科及格者 25 人；

所以，兩科均不及格者為 $45-25=20$ 人

習 題 7-1

1. 試寫出集合 $A = \{1，2，3，4\}$ 之所有部份集合？

2. 將集合 $B = \{\dfrac{1}{2}，-\dfrac{1}{4}，\dfrac{1}{8}，-\dfrac{1}{16}，\dfrac{1}{32}，\cdots\cdots\}$ 以敘述法表示。

3. 將集合 $C = \{5n \mid n \in N\}$ 以列舉法表示。

4. 設 $D = \{1，2，3\}$，$E = \{a，b，c\}$，求 $D \cap E$，$D \cup E$，$D - E$？

5. 從 1 到 50 的自然數中，是 3 或 5 的倍數者有幾個？

6. 在小於 1000 的正整數中，7 或 11 的倍數共有幾個？

7-2　樣本空間與事件

　　有一些現象，在已知的條件下，其發生的情形無法完全確定，譬如投一枚硬幣，你無法確定它一定出現「人頭」，也許是出現另一面，因此出現「人頭」只是一種可能而已。一件事可能發生的情況都是經過測試，觀察其發生的結果，這個過程即是「**試驗**」。

　　每一項試驗中，所有可能發生的情形所成的集合就叫做「**樣本空間**」記為 S；樣本空間中的每一元素（即每一可能發生的情形），我們稱為「**樣本**」。樣本空間中的每一個子集（即某些可能發生的情形）稱為一個「**事件**」。

　　例如：投一枚 10 元硬幣「人頭」為正面，另一面為反面，則樣本空間 $S = \{正，反\}$。現在投二枚硬幣，則樣本空間 $S = \{(正，正)，(正，反)，(反，正)，(反，反)\}$，其中(正，正) 或 (正，反) 或 (反，正) 或 (反，反) 均為樣本，那出現一正一反的現象即 $\{(正，反)，(反，正)\}$ 就是一事件。

例 1　投一枚骰子，試寫出其樣本空間，樣本及出現「偶數點數」的事件 A。

解　樣本空間 $S = \{1，2，3，4，5，6\}$

　　樣本 $1，2，3，4，5，6$

　　事件 $A = \{2，4，6\}$

例 2　甲、乙、丙三人排成一列，試寫出樣本空間 S，及出現「甲乙兩人相鄰」的事件 A，出現「甲乙兩人分離」的事件 B。

解　$S = \{(甲、乙、丙)、(甲、丙、乙)、(乙、甲、丙)、(乙、丙、甲)、(丙、甲、乙)、(丙、乙、甲)\}$

　　$A = \{(甲、乙、丙)、(乙、甲、丙)、(丙、甲、乙)、(丙、乙、甲)\}$

　　$B = \{(甲、丙、乙)、(乙、丙、甲)\}$

一、互斥事件

在例 1 中，假如出現「奇數的點數」當做事件 B，則 $B = \{1，3，5\}$。我們發現 $A \cap B = \phi$。那麼，事件 A 與事件 B 稱為「互斥事件」。

隨堂練習

1. 擲一粒骰子二次，觀察其出現點數的情形，試寫出投二次點數和為 5 的事件 A。（$A = \{(1，4)，(2，3)，(3，2)，(4，1)\}$）

2. 設 S 表投擲一骰子的樣本空間。A 表出現奇數點的事件，B 表點數不超過 5 的事件，求 (1) A、B (2) A、B 是否為互斥事件？

   （(1) $A = \{1，3，5\}$，$B = \{1，2，3，4，5\}$

   (2) $A \cap B = \{1，3，5\} \neq 0$，$A$、$B$ 不是互斥事件）

7-3　機　率

　　當我們在職棒的預告上看到今晚兄弟象與興農牛爭冠時，是不是會分析兩隊的實力去判斷兩隊得勝的機會，然後預測哪一隊將奪冠軍？另外，樂透彩券簽中頭獎的機會有多大？班內派出兩位同學當公差，你被派到的機會有多少？甚至於你丟一個 10 元硬幣，出現人頭像的機會有多大？許許多多日常生活裡牽涉到「機會」的現象，我們無法事先預知哪一結果一定會發生，但是我們知道哪一個情況可能會發生，發生的機會有多大？就是「機率」的問題。由於許多數學家的不斷努力、研究發展，如今的「機率論」已是自然科學、經濟學、生物醫學、社會學等許多領域必備的工具。

☑ **定理 7-1**

　　假設一試驗的樣本空間 S 中每一樣本出現的機會均等，則事件 A 發生的機率為 A 的元素個數與 S 的元素個數之比，記為

$$P(A) = \frac{n(A)}{n(S)}$$

其中 $n(A)$，$n(S)$ 分別為 A 與 S 的元素個數。

例 1　投擲一粒均勻骰子（即各點數出現的機會均等），求出現偶數的機率？

解　樣本空間 $S = \{1，2，3，4，5，6\}$ 有 6 個元素，即 $n(S) = 6$。

若事件 A 為出現的點數是偶數的事件，

則 $A = \{2，4，6\}$，A 的元素個數為 3，即 $n(A) = 3$

那麼，事件 A 發生的機率 $P(A) = \frac{n(A)}{n(S)} = \frac{3}{6} = \frac{1}{2}$，即出現偶數的機率為 $\frac{1}{2}$

隨堂練習

投一粒骰子求出現的點數是 3 的倍數的機率？（$\dfrac{2}{6}$）

例 2　設袋中有 4 個黑球，3 個白球，若每球被取出的機會均等，

(1) 自袋中取出一球，試求取出黑球的機率有多少？

(2) 自袋中取出二球，試求取出一黑一白的機率？

解　(1) 袋中有 7 個球，即 $n(S) = 7$

設取出是黑球的事件為 A，則 $n(A) = 4$

$\therefore P(A) = \dfrac{4}{7}$

(2) 袋中 7 個球取 2 個球的情況有 C_2^7 種，即

$n(S) = C_2^7 = \dfrac{7 \cdot 6}{2} = 21$

設事件 B 為取出一黑一白的情況，

$\therefore n(B) = C_1^4 \cdot C_1^3 = 4 \cdot 3 = 12$

故 $P(B) = \dfrac{n(B)}{n(S)}$

$= \dfrac{12}{21}$

$= \dfrac{4}{7}$

隨堂練習

袋中有 3 個紅球 3 個白球，若每球被取出的機會均等，則自袋中取出二球均為白球的機率？（$\dfrac{C_2^3}{C_2^6}$）

例 3 甲、乙、丙三人排成一列，試求甲乙二人相鄰的機率？

解 甲、乙、丙三人排成一列的樣本空間 S 有 6 個樣本，即 $n(S)=6$，出現甲乙相鄰的事件 A 有 4 個樣本 ∴ $n(A)=4$

因此，甲乙相鄰的機率為 $P(A)=\dfrac{4}{6}=\dfrac{2}{3}$

隨堂練習

1. 甲、乙、丙三人排成一列，試求甲、乙二人分離的機率？（$\dfrac{2}{6}$）

2. 台北銀行樂透彩券自 1 至 42 號開出 6 個號碼，6 個全部簽中獲得頭獎，試求簽中頭獎的機率？簽中二獎的機率為何？（$\dfrac{1}{C_6^{42}}$ ，$\dfrac{6}{C_6^{42}}$）

例 4 投兩粒均勻的骰子，其點數和為 10 的機率為多少？

解 第一粒骰子出現的點數有六種，第二粒骰子出現的點數也有六種，二個骰子出現點數的情形有 6×6 種。

∴ $n(S)=6 \times 6 = 36$

設事件 A 為點數和為 10 的事件，則 $A = \{(4, 6)，(5, 5)，(6, 4)\}$

$n(A) = 3$

$$\therefore P(A) = \frac{3}{36} = \frac{1}{12}$$

隨堂練習

從一副 52 張的撲克牌任意取出 2 張，則 2 張同為梅花的機率為多少？

（ $\dfrac{C_2^{13}}{C_2^{52}}$ ）

一、機率的基本性質

由機率的意義，我們可以得到下列有關機率的性質：

1. $P(S) = 1$，S 又稱為全事件。

2. $P(\phi) = 0$，ϕ 又稱不可能事件。

3. $A \subset S$ 為任一事件，則 $0 \le P(A) \le 1$

4. A、B 為 S 中之二事件，則 $P(A \cup B) = P(A) + P(B) - P(A \cap B)$，其中 $P(A \cup B)$ 為 A、B 兩事件至少有事件發生的機率，$P(A \cap B)$ 為 A、B 兩事件都發生的機率。

5. 餘事件機率：$A \subset S$ 為任一事件，則 $P(A') = 1 - P(A)$，A' 稱為 A 之餘事件。

證明
1. $P(S) = \dfrac{n(S)}{n(S)} = 1$

2. $n(\phi) = 0$

$$\therefore P(\phi) = \frac{n(\phi)}{n(S)} = \frac{0}{n(S)} = 0$$

3. $A \subset S \Rightarrow 0 \le n(A) \le n(S)$

$$\Rightarrow 0 \le \frac{n(A)}{n(S)} \le \frac{n(S)}{n(S)}$$

$$0 \le P(A) \le 1$$

4. 易知

$$n(A \cup B) = n(A) + n(B) - n(A \cap B)$$

$$\Rightarrow \frac{n(A \cup B)}{n(S)} = \frac{n(A)}{n(S)} + \frac{n(B)}{n(S)} - \frac{n(A \cap B)}{n(S)}$$

$$\therefore P(A \cup B) = P(A) + P(B) - P(A \cap B)$$

當 A、B 為互斥事件時，$A \cap B = \phi$　$\therefore P(A \cap B) = P(\phi) = 0$

$$\therefore P(A \cup B) = P(A) + P(B)$$

5. $n(A') = n(S) - n(A)$

$$\Rightarrow \frac{n(A')}{n(S)} = \frac{n(S)}{n(S)} - \frac{n(A)}{n(S)}$$

$$\therefore P(A') = 1 - P(A) \text{，易知 } P(A) = 1 - P(A')$$

例 5 投兩枚均勻骰子，試求出現點數和不大於 10 的機率？

解 設樣本空間 S，則 $n(S) = 6 \times 6 = 36$

又設出現點數和不大於 10 的事件 A，因 A 所含樣本數較多，計算較繁，故改求 A 之餘事件 A' 之機率。

即 A' 為出現點數和大於 10 的事件，

$$\therefore A' = \{(5, 6)，(6, 5)，(6, 6)\}，n(A') = 3$$

$$\Rightarrow P(A') = \frac{n(A')}{n(S)} = \frac{3}{36} = \frac{1}{12}$$

由餘事件的機率知

$$P(A) = 1 - P(A') = 1 - \frac{1}{12} = \frac{11}{12}$$

例 6 設 A、B 為 S 之兩事件，若 $P(A) = \dfrac{1}{3}$，$P(B) = \dfrac{1}{2}$，且 $P(A \cup B) = \dfrac{7}{12}$，試求 $P(A \cap B)$？

解 由公式 $P(A \cup B) = P(A) + P(B) - P(A \cap B)$，

可知

$$\frac{7}{12} = \frac{1}{3} + \frac{1}{2} - P(A \cap B)$$

$$\therefore P(A \cap B) = \frac{1}{3} + \frac{1}{2} - \frac{7}{12} = \frac{1}{4}$$

二、獨立事件

設 A、B 為樣本空間 S 的兩事件，且 $P(A) \neq 0$，$P(B) \neq 0$。**若 A、B 兩事件發生的機率，互不受對方發生與否的影響，則稱事件 A、B 互為獨立事件。**

由以上直覺地想，可知

A、B 互為獨立事件 $\Leftrightarrow$ $P(A \cap B) = P(A) \times P(B)$

上式解讀為：A、B 互為獨立事件 $\Leftrightarrow$ 事件 A、B 同時發生的機率等於事件 A、B 各自發生的機率的乘積。

又當 A、B 不互為獨立事件時，稱為相依事件。

例 7 擲兩硬幣，兩硬幣都出現正面的機率多少？

解 設擲第一個硬幣出現正面的事件為 A，易知 $P(A) = \dfrac{1}{2}$

擲第二個硬幣出現正面的事件為 B，易知 $P(B) = \dfrac{1}{2}$

又因 A, B 兩事件發生的機率互不影響，

$\therefore A, B$ 互為獨立事件。

$$\therefore P(A \cap B) = P(A) \times P(B)$$
$$= \frac{1}{2} \times \frac{1}{2}$$
$$= \frac{1}{4}$$

例 8　某人投球進籃的機率為 $\frac{5}{6}$，試求此人連投 3 次籃，球都不進籃的機率為何？

解　設某人投第 1,2,3 次球進籃的事件分別為 A,B,C，易知 A,B,C 互為獨立事件，且 A',B',C' 亦互為獨立事件

及 $P(A') = P(B') = P(C') = 1 - \frac{5}{6}$
$$= \frac{1}{6}$$

$$\therefore P(A' \cap B' \cap C') = P(A') \cdot P(B') \cdot P(C')$$
$$= \frac{1}{6} \cdot \frac{1}{6} \cdot \frac{1}{6}$$
$$= \frac{1}{216}$$

此即為所求

例 9　甲，乙兩生平時作數學題目，甲生平均每 4 題可作出 3 題，乙生平均每 5 題可作出 4 題，今有一數學題目，由他們兩人各別解題。

1. 求這個題目甲、乙均能解出來的機率？

2. 求這個題目被解出來的機率？

解 1. 假設甲能解出此題的事件為 A，乙能解出此題的事件為 B。依題意，A、B 為獨立事件。且 $P(A) = \dfrac{3}{4}$，$P(B) = \dfrac{4}{5}$

而甲與乙均能解出此題的事件為 $A \cap B$

$\therefore P(A \cap B) = P(A) \times P(B)$

$= \dfrac{3}{4} \times \dfrac{4}{5} = \dfrac{3}{5}$

亦即甲、乙均能解出此題的機率為 $\dfrac{3}{5}$

2. 甲解不出的機率為 $P(A') = 1 - \dfrac{3}{4} = \dfrac{1}{4}$

乙解不出的機率為 $P(B') = 1 - \dfrac{4}{5} = \dfrac{1}{5}$

又 A'、B' 為獨立事件，$\therefore P(A' \cap B') = P(A')P(B')$

$\therefore$ 甲乙均解不出此題的機率為 $(\dfrac{1}{4})(\dfrac{1}{5}) = \dfrac{1}{20}$

則此題被解出的機率為 $1 - \dfrac{1}{20} = \dfrac{19}{20}$

另解：$P(A \cup B) = P(A) + P(B) - P(A \cap B)$

$= \dfrac{3}{4} + \dfrac{4}{5} - (\dfrac{3}{4} \times \dfrac{4}{5})$

$= \dfrac{19}{20}$

隨堂練習

甲、乙兩人射擊同一目標，互不影響，甲的命中率為 $\frac{1}{5}$，乙的命中率為 $\frac{1}{4}$，

現兩人同時向目標各射擊一發，試求：

1. 兩人同時命中的機率？（ $\frac{1}{5} \times \frac{1}{4}$ ）

2. 恰有一人命中的機率？（ $\frac{1}{5} \times \frac{3}{4} + \frac{4}{5} \times \frac{1}{4}$ ）

3. 目標被擊中的機率？（ $1 - \frac{4}{5} \times \frac{3}{4}$ ）

習題 7-3

1. 袋中有 2 紅球，1 白球，自袋中取出一球，試寫出樣本空間，及取出一紅球的事件。

2. 投擲二粒均勻的骰子，試求點數和為 8 的機率？

3. 連續擲一枚硬幣 3 次，在已知第一次出現正面的情況下，問出現兩次正面的機率？

4. 投擲二粒均勻的骰子，試求其中至少有一粒出現 1 點的機率？

5. 甲、乙兩人再活 20 年的機率分別為 $\frac{2}{3}$ 及 $\frac{3}{4}$，試求：

   (1) 兩人均再活 20 年的機率？

   (2) 至少有一人再活 20 年的機率？

Chapter 08

統　計

8-1　統　計

8-2　資料整理與統計圖表編製

習題8-2

8-3　算術平均數、中位數與眾數

習題8-3

8-1 統 計

一、統計的意義

現代社會是一個資訊發達的時代，每個人每天所要接收的資訊，常常多得讓人喘不過氣來，而如何從這瞬息萬變的時代中掌握先機，就必須要借助統計方法，去掌握、分析這些資訊，並從中去萃取出有用的資訊。

因為統計方法有這種化繁為簡的能力，因此統計被廣泛的應用在各行各業，凡是探討具有不確定結果的問題，幾乎都可以使用統計的方法來處理。

舉例來說，如何從數量龐大的產品中，只靠抽驗一小部分樣品，就能確認這批產品的品質是否符合要求？民調時，只靠抽訪一小部份選民，就可以了解民意的趨向，或利用一個數值來代表一個班級的成績，藉此評比數個班級的成績。

現代的統計學中包含了統計理論與統計方法兩大部分，統計理論是研究與發展統計方法的基礎；統計方法則著重於解決生活中的實際問題，其過程通常包含了資料的蒐集、整理、分析並根據分析結果，加以解釋或推論，從而獲得合理之研判及正確的決策。

特別要注意的是：若想要得到較佳的統計推論，往往需要足夠多的統計資料，同時在統計資料的獲取上，也必須要顧及客觀、公正、周延的原則，否則統計結果易有偏差，從而誤導推論與決策。

二、資料蒐集

資料蒐集的方法，依蒐集的對象區分，可分為普查與抽樣調查兩種：

（一）普 查

指資料蒐集的對象為研究對象的全體。如：人口普查、工商普查、農業普查等。實施普查所蒐集得到的資料通常較為正確可靠，且較為完整。

但在實務上，我們很少使用普查的方法去蒐集資料，這主要是考量到以下幾個因素：

1. 普查不易

如要調查全國所有國民的平均年齡，若使用普查的方法，則必須要蒐集到全國所有國民的年齡，但以全國的幅員之廣闊，這可說是一件不可能的任務。

2. 節省費用

使用普查的方法必須蒐集到所有研究對象的資料，當研究對象的數量龐大時，就必須花費相當大的成本在進行研究對象資料的蒐集上。

3. 爭取時效

有些資料是具有時效性的，例如在某特定時間，某候選人的民意支持度，若以普查方法獲取這項資料，往往曠日費時，不符合時效性的要求。

4. 減少損失

某些資料若利用普查的方式蒐集，可能會破壞掉全部被調查的對象，例如若要調查某廠牌電燈泡的平均使用壽命，則必須蒐集燈泡從開始使用到燒壞共經過多少時間的資料，若利用普查的方法來蒐集這項資料，則所有此廠牌出的燈泡都要燒壞掉，如此便無任何產品可出廠了。

因為使用普查的方法來蒐集資料，有上述的種種不便之處，因此在實務上較常使用抽樣調查的方式來蒐集資料。

（二）抽樣調查

抽樣調查即指資料的蒐集對象為研究對象的一部份。如民意調查某位候選人的支持度時，從全體選民中依抽樣的方法選取出一部份的選民，調查此位候選人在這一部份選民中的支持度，並以此結果去推估此位候選人在全體選民中的支持度。

對一項研究而言，研究對象的全體，稱為**母體**，而研究對象中被抽出的一部份，稱為**樣本**。抽出樣本的過程，稱為**抽樣**。

在上面民意調查的例子中，全體選民即為母體，而依抽樣方法所選出的部份選民即為樣本。

因為統計分析結果的好壞與其所用來分析的資料有著絕對的關聯性，而所選取的抽樣方法，又決定了用來分析的資料品質，因此如何進行抽樣，就相當的重要。

判斷抽樣是否適當，就看所抽取的樣本，是否能夠代表整體研究對象的特性。因此，我們希望母體中每一個體被抽出的機會能夠均等。良好的抽樣設計，可以正確地分析樣本的特性，並據以推論母體的特性。

（三）常用的抽樣方法

因為母體的性質不同，所適合的抽樣方法也不同，常用的抽樣方法及其所適用的母體簡述如下：

1. 簡單隨機抽樣

若欲調查母體的某種特性，且根據經驗分析，在母體中的此種特性都分布的相當均勻時，此時可採用簡單隨機抽樣的方法來抽取樣本。

執行簡單隨機抽樣的方法有二：

例如在 75 位同學的母體中隨機抽出 5 位同學為樣本，來分析這 75 位同學的體重。

(1) **籤條法**：首先將每一位同學的編號(1~75)分別寫在不同的卡片上，並將這 75 張卡片置於箱內攪和，然後從箱中任意抽出 5 張卡片，則這 5 張卡片所代表的 5 位同學即為樣本。

(2) **隨機號碼法**：將這些同學由 01~75 依序編號，然後我們可利用附錄中的隨機亂數表獲得所要的樣本，例如從第 4 列（任意）第 2 個數字（任意）算起，由左而右每次取「兩個數字為一組」依序讀取，則可得到當樣本的 5 位同學之編號分別是 37、38、44、67、45，其中 86、87、76 不取。

隨機亂數表是由機率法則編製而成，表中每個位置出現 0~9 的機率均相等。應用時，我們可視需要任意從某列的任一數字或某幾行的任一列開始讀取。

2. 分層隨機抽樣

若欲調查母體的某種特性，且根據經驗分析，在組成母體中的個體的此種特性可以明顯的區分出數個層級，即在層級間差異大，此時宜利用分層隨機抽樣的方法來蒐集資料。

分層隨機抽樣：係將母體依某種特性區分為幾個層別，例如以不同地區分層，以不同職業分層等等。在每一層中，按照比例，隨機抽樣找出一些個體組成樣本。

例如：總統選舉的調查，可分北北基、桃竹苗、……、雲嘉南、高高屏、花東等不同地區層別，再按人口比例在不同地區隨機抽出樣本再合併成整個樣本。

3. 集體抽樣法

若欲調查母體的某種特性，且根據經驗分析，在各集體中的個體此種特性的分布狀況，均與原母體相似，且在集體間差異小。此時宜用集體抽樣法。如某校某年級各班的學生身高，其分布狀況與此年級全部學生身高的分布應大致類似。

集體抽樣法：以集體為抽樣單位，用簡單隨機抽樣法自這些集體中抽取一個或數個集體作為樣本。例如調查某年級的身高，則可隨機抽取幾個班級作為樣本即可。

此種抽樣法與分層隨機抽樣法相反，集體抽樣法層間差異小，而分層隨機抽樣則層間差異大。

4. 系統抽樣法

將母體之所有個體依序排列，每隔若干個個體抽取一個，即為系統抽樣法。例如：欲在 72 人的母體中，抽出 9 人為樣本，則可把 72 人的編號 1~72 依序分成 9 組，每組 8 人先在 1 到 8 號中隨機抽出一個號碼，比如 5，然後每隔 8 人抽出 1 人，即得樣本號碼為 5、13、21、29、37、45、53、61、69，圖示如圖 8-1：

$$
\begin{array}{llllllll}
1 & 2 & 3 & 4 & ⑤ & 6 & 7 & 8 \\
9 & 10 & 11 & 12 & ⑬ & 14 & 15 & 16 \\
17 & 18 & 19 & 20 & ㉑ & 22 & 23 & 24 \\
25 & 26 & 27 & 28 & ㉙ & 30 & 31 & 32 \\
33 & 34 & 35 & 36 & ㊲ & 38 & 39 & 40 \\
41 & 42 & 43 & 44 & ㊺ & 46 & 47 & 48 \\
49 & 50 & 51 & 52 & ㉳ & 54 & 55 & 56 \\
57 & 58 & 59 & 60 & �61 & 62 & 63 & 64 \\
65 & 66 & 67 & 68 & �69 & 70 & 71 & 72 \\
\end{array}
$$

※圖 8-1

當使用系統抽樣法時，須注意若欲調查的母體特性具有週期性或季節性時，則抽出的樣本可能無法代表母體。如若調查每個月的雨量，每隔十二個月抽取一筆資料，則所蒐集的資料經分析後往往會形成偏差，因為雨量有季節性，所以此時不宜用系統抽樣法。

8-2 資料整理與統計圖表編製

一、資料整理

在日常生活中，我們常因為某些目的去蒐集資料。例如：

1. 廠商蒐集消費者的意見，作為設計新產品的參考。

2. 學校收集學生身高、體重等基本資料，以了解學生的健康情形。

3. 政府蒐集民眾對某一個議題的意見，作為制定政策的參考。

在蒐集到資料後，因為所蒐集的資料往往是雜亂無章的，因此必須對所蒐集到的資料作整理，或是將其畫成統計圖表，使這些資料易於了解，並作為我們決策的參考。

例 1 將某班 34 位學生數學期末考試成績紀錄如下：

75、74、68、48、59、70、59、83、75、48、74、56、84、75、58、67、74、78、67、80、68、70、58、67、48、57、60、69、74、84、78、67、74、53

若以 5 分為一組，將資料整理表列如下：

※表 8-1　某班學生數學期末考成績之次數分配表

分數組別	44.5~49.5	49.5~54.5	54.5~59.5	59.5~64.5	64.5~69.5	69.5~74.5	74.5~79.5	79.5~84.5
人數	3	1	6	1	7	7	5	4

以上這個表，就是一個次數分配表，我們利用這個表，可以很清楚的看出學生成績的分佈。有關「次數分配表」，詳如後面所述：

二、次數分配表

（一）次數分配表的意義

　　將收集到的資料，根據資料的特性，區分若干組別，並依此對資料進行整理、分類、畫記，並作成表格，使我們易於了解資料分佈的狀況，如此的表格我們稱為「次數分配表」。如上表所示。

（二）次數分配表的製作方法

　　編製次數分配表通常步驟如下：

1. 求全距：從收集到的資料中，求出最大值及最小值，其差即為全距。

2. 定組數：將資料適當的分成數組，而組數的多寡視資料多寡及研究目的而定。通常組數不宜少於 5 組或多於 15 組。

3. 定組距：各組的組距可各不相同，但一般均採等組距的分法。若採等組距，則組距應為 $\dfrac{全距}{組數}$。因為 $\dfrac{全距}{組數}$ 不一定為整數，為了方便，通常取較 $\dfrac{全距}{組數}$ 略大之適當值為組距。

4. 定組限：每一組上下兩端的界限，稱為該組的組限。每組下端的界限稱為該組的下限，每組上端的界限稱為該組的上限。最小一組的下限，應比全部資料的最小值略小或相等。最大一組的上限，應比全部資料的最大值略大或相等。

5. 歸類畫記並計算各組次數：將每一資料於所屬的組內畫記，每五次為一「正」字。歸類畫記後，計算各組的次數，再利用阿拉伯數字將各組次數記在對應欄內。同時將各組次數累計，求其總和。若此總和與原資料總數不符，即表編製過程有所錯誤遺漏，需再核實更正。

例 2　已知 50 家公司年營業額（單位：百萬元）如下：

16、12、8、15、16、25、22、15、5、22、10、25、26、2、10、
16、23、20、3、10、15、16、25、10、8、22、25、23、15、20、
20、25、3、14、18、20、24、20、25、15、20、20、25、15、10、
15、20、22、16、6

試編製其次數分配表。

解 1. 求全距：最多年營業額為 26 百萬元，最少年營業額為 2 百萬元，全距 ＝26－2＝24 百萬元。

2. 求組數：將此 50 個數據分為 8 組。

3. 求組距：組距＝$\dfrac{全距}{組數}$＝$\dfrac{24}{8}$＝3 百萬元。

4. 定組限：因最少年營業額為 2 百萬元，組距為 3 百萬元，故最小組下限 可定為 1.5 百萬元（1.5＝2－0.5，此 0.5 是取單位 1（百萬元）的一 半），其餘各組之組下限、組上限分別為

組下限 1.5、4.5、7.5、10.5、13.5、16.5、19.5、22.5、25.5

組上限 4.5、7.5、10.5、13.5、16.5、19.5、22.5、25.5、28.5

其次數分配表如表 8-2：

※表 8-2　50 家公司年營業額（百萬元）的次數分配表

組限	劃記	次數	組限	劃記	次數
1.5~4.5	下	3	13.5~16.5	正 正 下	13
4.5~7.5	丁	2	16.5~19.5	一	1
7.5~10.5	正 丁	7	19.5~22.5	正 正 丁	12
10.5~13.5	一	1	22.5~26	正 正 一	11

三、次數分配圖

（一）直方圖的畫法

當我們所要統計的資料數據是連續性的（如學生分數），此時宜用直方圖來表 示。

製作直方圖的步驟如下：

1. 於平面畫一直角座標，以資料為橫座標，次數為縱座標。

2. 於橫軸上標示各組的組下限、組上限或各組的組中點，並以每組的組限為底的兩端點，以該組次數為高，畫一矩形。如此所成的圖形即為直方圖。參考下例。

 例 3　畫出例 3 之直方圖。

 解

※圖 8-2　50 家公司年營業額的分布直方圖

（二）長條圖的畫法

當我們所要統計的各類資料，彼此是獨立的。此時宜用長條圖表示之。其畫法如下：

1. 於平面上畫一直角坐標，以分類項目為橫坐標，次數為縱坐標。

2. 以分類項目適當的寬為底，次數為高，畫一矩形，即得長條圖。

例 4　調查新東國中某班學生 50 人最喜歡的球類運動的人數，統計如表 8-3：

※表 8-3

球類	桌球	排球	籃球	羽球	撞球	棒球
人數	20	3	8	12	3	4

試將表 8-3 以長條圖表示。

解 因各類球類運動,彼此是獨立的,所以以長條圖表示為宜。畫出長條圖如圖 8-3:

※圖 8-3　新東國中某班學生最喜歡的球類人數長條圖

(三) 折線圖的畫法

有時為了要看出統計資料的分布情形及其變化趨勢,則常以折線圖來加以表示。其做法:

1. 作一直角坐標,以資料為橫坐標,次數為縱坐標。

2. 畫出代表各類資料數量的點。

3. 再將各點以線段加以連結而成一折線圖。

 例 5 設台灣於民國 88 年至 96 年,每年 6 月的下雨量如表 8-4 (單位:公厘)。

※表 8-4

年度	88	89	90	91	92	93	94	95	96
雨量	620	630	650	700	680	720	750	720	750

試以折線圖表示。

※圖 8-4　台灣 88 年至 96 年每年 6 月的下雨量折線圖

（四）圓形圖的畫法

　　有時為了看出所統計各類資料之數量對總量的比例並藉以了解彼此間的大小，則以圓形圖表示。

　　其畫法如下：

1. 先求出各類數量對總量的比例。

2. 按比例算出各類數量的扇形圓心角度數。

3. 用量角器畫出各類數量的圓心角及扇形並註明比值，即為圓形圖。

 某專科學校全校各科新生人數如表 8-5：

※表 8-5

科別	護理科	幼保科	美保科	牙技科
人數	200	80	120	100

試以圓形圖表示。

1. 全校人數 $200+80+120+100=500$ 人，計算各科所佔比例：

　護理科 $\frac{2}{5}$，幼保科 $\frac{4}{25}$，美保科 $\frac{6}{25}$，牙技科 $\frac{1}{5}$

2. 求出各科扇形圓心角如下：

護理科 $360° \times \dfrac{2}{5} = 144°$　幼保科 $360° \times \dfrac{4}{25} \approx 58°$

美保科 $360° \times \dfrac{6}{25} \approx 86°$　牙技科 $360° \times \dfrac{1}{5} = 72°$

3. 畫一圓，用量角器分別畫出各圓心角的扇形為所求。

※圖 8-5

隨堂練習

某社團有社員 20 人，其年齡分別如下：

26、23、21、24、25、27、26、25、20、25、24、22、25、26、22、25、24、25、26、25

將此 20 人依年齡分成四組，組距為 2（不含上限），

1. 作次數分配表。

2. 繪長條圖。

3. 繪以下累積次數分配曲線圖。

習題 8-2

1. 某班 50 名學生數學考試成績依序為：

85、87、89、50、57、76、77、80、89、95、75、52、82、80、78、79、92、97、78、86、57、56、92、89、76、84、89、78、79、86、82、89、98、75、77、64、79、83、69、79、81、64、80、77、75、84、82、72、85、83

試依上述資料編製次數分配表（組距 5 分），及畫出直方圖。

2. 某家公司某年各月份營業額如下表（單位萬元）：

月份	1	2	3	4	5	6	7	8	9	10	11	12
營業額	10	8	12	15	12	15	20	18	20	22	25	22

試分別以長條圖及折線圖表示營業額的分佈。

3. 某班學生上學方式如下表：

方式	步行	腳踏車	公車	家長接送
人數	10	20	15	5

試以圓形圖表示上學方式的分佈。

4. 數學小組某次測驗成績如下：

90、77、68、61、43、51、83、69、69、70、77、70、55、60、80、76、81、76、72、67、95、70、77、80、71、88、90、50、62、50、47、70、53、70、89、56、67、71、30、76、65、65、85、85、73、86、58、67、60、51

以 10 為組距，完成下列各題：

(1) 求全距。

(2) 作次數分配表。

(3) 繪直方圖。

8-3 算術平均數、中位數與眾數

　　為了研究母體的特性，我們需用一些統計量數，或簡稱參數，來測量母體的特性。最常用的統計量數為集中趨勢參數及離散趨勢參數來表達群體內所有個體的分布趨勢。

一、集中趨勢參數

　　當我們蒐集到一組資料時，可能會希望能以一個值來代表這組資料，如此能簡單扼要的表示出這組資料的特性，同時也方便我們去評比不同的母體。集中趨勢參數就是用來衡量所有測量值所聚集的中心位置，也因此其可以代表這組資料的中心。

　　常用的集中趨勢參數有算數平均數、中位數及眾數。

（一）算術平均數(Arithmatic Mean)

　　這是最簡單也最常用的集中趨勢參數，其算法是將各項數值的總和除以其個數所得的商，即是算術平均數。若以 $\overline{X}$ 來代表 n 個資料 $x_1, x_2, \cdots\cdots, x_n$ 的算術平均數，其計算方法如下：

$$\overline{X} = \frac{x_1 + x_2 + \cdots\cdots + x_n}{n}$$

例 1　試求 4、6、10、16、24 的算術平均數？

解
$$\overline{X} = \frac{4 + 6 + 10 + 16 + 24}{5}$$
$$= \frac{60}{5}$$
$$= 12$$

（二）中位數(Median)

所謂中位數，即為全部觀察值的中點。也就是說，比中位數的值為小的資料數目為全部資料數目的一半，比中位數的值為大的資料數目也為全部資料數目的一半，一般以 Md（或 Me）表示中位數。以下說明中位數的計算方法：

1. 將 n 個觀察值由小而大依序排列

2. 當 n 值為奇數時，中位數為由前算起第 $\frac{n+1}{2}$ 個觀察值；當 n 值為偶數時，中位數為由前算起第 $\frac{n}{2}$ 個及第 $\frac{n}{2}+1$ 個觀察值的平均數。

例 2 一個班級 16 位同學的英文成績分別為 0、65、56、98、89、76、75、76、76、45、46、86、89、76、56、76，試求此 16 位同學英文成績的中位數？

　　1. 將此 16 位同學的成績由小到大排序後列出為

　　　0、45、46、56、56、65、75、76、76、76、76、86、89、89、98

　　2. 因為 16 為偶數，故中位數取第 8 及第 9 個觀測值的平均值即

　　　$\frac{(76+76)}{2}=76$

　　　故此 16 位同學英文成績的中位數即為 76 分

（三）眾　數

所謂「眾數」，是在全部觀察值中，出現最多次的一個或多個觀察值。以下說明「眾數」的計算方法：

1. 將各觀察值依大小順序排列。

2. 選取出現次數最多的觀察值。

例 3 一個班級 16 位同學的英文成績分別為 0、65、56、98、89、76、75、76、76、45、46、86、89、76、56、76，試求此 16 位同學英文成績的眾數？

解 1. 將此 16 位同學的成績由小到大排序後列出為

0、45、46、56、56、65、75、76、76、76、76、76、86、89、89、98

2. 由上可以發現出現次數最多的是 76（5 次），故眾數為 76

習 題 8-3

1. 某班 20 名男生體重由小到大分別為

   45、45、47、47、47、48、48、49、50、50、50、52、52、52、52、53、54、54、54、55（公斤）

   試求該班男生平均體重？

2. 試求下列各組資料數據的中位數。

   (1) 5、6、4、5、9、10、12

   (2) 2、5、7、9、10、7、11、10

3. 檢查 100 箱蘋果，每箱壞蘋果之個數如下：

   ※表 8-6

壞蘋果個數	0	1	2	3	4
箱數	30	32	30	5	3

   試求其眾數。

4. 試求下列資料之算數平均數、中位數、眾數。

   12、1、0、9、14、9、12、5、6、8、9、5、10、7、4

5. 某次數學小考班上 10 位同學的成績分別為 50、73、85、42、90、65、100、35、80、75，則中位數之值為何？

6. 有一組數字為 13、17、17、12、18、13、17、12，則其眾數與中位數之和為何？

Chapter 9

數　列

9-1　數列的表示法

習題9-1

9-2　等差數列

習題9-2

9-3　等比數列

習題9-3

9-1　數列的表示法

一、數列的意義

將一些數字依序排成一列,即成一數列。

例如 (1)　1,3,5,7,9,11

　　　(2)　6,2,7,13,9,17

數列中的每一個數稱為「**項**」,第一個數稱為「**首項**」,第二個數就稱為「**第二項**」,依此類推……,而最後一個數則稱為「**末項**」。

例如 (1)　數列 1,3,5,7,9,11 中,首項為 1,第二項為 3,……,末項為 11

　　　(2)　數列 6,2,7,13,9,17 中,首項為 6,第二項為 2,……,末項為 17

若一數列是由有限項所組成,則此數列稱為「**有限數列**」;若一數列是由無限多項所組成,此數列稱為「**無窮數列**」。

例如 (1)　數列 3,5,7,9,11,13 中只有 5 項,故此數列為一有限數列。

　　　(2)　所有 3 的倍數:3,6,9,12,15,……所組成的數列,因為有無窮項,所以是一個無窮數列。

我們通常用 $<a_n>$ 這個符號來表示某個數列,數列中的各項則以 $a_1, a_2, a_3, \cdots$ 來表示,其中 $a_1, a_2, a_3, \cdots$ 分別表示這個數列的第一項,第二項及第三項,其餘則依此類推;另外我們通常以 a_k 這個符號來表示一般項,k 又稱為「**足碼**」,隨著 k 從 1 遞增到 n,a_k 可以表示這個數列中的任何一項。

例如 若以 $<a_n>$ 來表示這個數列 $2,4,6,8,10,\cdots$,則 $a_1 = 2$,$a_2 = 4$,$a_3 = 6 \cdots$ 依此類推。

當一數列中各項的值間並無規律可循時,我們只能將此數列的每一項一一列舉出來,如若要表示 $1,3,2,7,11,5,2,\cdots$ 這個數列時,因為無法在數字中找到任何規

律，故若要表示此數列時，只能以 $a_1 = 3$ ， $a_2 = 3$ ，…，如此將此數列中的數字一一列舉出；但若要表示 $2,4,6,8,10,\cdots$ 這個數列時，我們可以發現這個數列每一項的值均是它足碼的兩倍，如第一項 a_1 的足碼為 1 ，第一項的值即為 $1 \times 2 = 2$ ，第二項 a_2 的足碼為 2 ，故第二項的值即為 $2 \times 2 = 4$ ，因此我們可以利用 $a_k = 2k$ 來表示這個數列各項的值與各項的足碼之間的關係，利用這個方法，就可以很簡單的將一個數列各項的值表示出來。

 例 1 若一數列 $< a_n >$ 各項的值可用 $a_k = 2k^2$ 來表示，試列出此數列的前四項。

 解 首　項：$a_1 = 2 \times 1^2 = 2$

第二項：$a_2 = 2 \times 2^2 = 8$

第三項：$a_3 = 2 \times 3^2 = 18$

第四項：$a_4 = 2 \times 4^2 = 32$

例 2 試猜測此數列 $3,6,9,12,15,18,\cdots\cdots$ 第 n 項 a_n 的值為何？

解

※表 9-1

n	1	2	3	4	5	6	7	……
a_n	3	6	9	12	15	18	21	……

由上可以發現各項的值為其足碼的 3 倍，故第 n 項 $a_n = 3n$

習題 9-1

1. 試寫出下列數列的前五項。

(1) $a_k = 2k + 5$

(2) $a_k = \dfrac{k-1}{k+1}$

(3) $a_k = (-1)^{k+1} \times 2^k$

(4) $a_k = k(k+1)$

2. 將下列數列的一般項 a_k 用和 k 有關的式子表示，k 為自然數。

(1) $3, 9, 27, 81, 243, \cdots\cdots$

(2) $\dfrac{1}{2}$，$\dfrac{2}{3}$，$\dfrac{3}{4}$，$\dfrac{4}{5}$，$\dfrac{5}{6}$，$\cdots$

(3) $\dfrac{1}{3}$，$-\dfrac{1}{9}$，$\dfrac{1}{27}$，$-\dfrac{1}{81}$，$\cdots$

9-2 等差數列

一、等差數列的意義

$<a_n>$：$1,3,5,7,9,11,13,\cdots\cdots\cdots$

$<b_n>$：$99,96,93,90,87,84,81,\cdots\cdots\cdots$

$<c_n>$：$1.0,1.5,2.0,2.5,3.0,3.5,\cdots\cdots$

由上述三數列$<a_n>$、$<b_n>$及$<c_n>$中可以發現，數列$<a_n>$相鄰兩項後項減前項的值都是 2，數列$<b_n>$相鄰兩項後項減前項的值都是 –3，數列$<c_n>$相鄰兩項後項減前項的值都是 0.5。

當一數列中任何相鄰兩項後項與前項的差值都相等，如$<a_n>$、$<b_n>$及$<c_n>$所示，此時我們稱此數列為一「**等差數列**」，而後項減去前項的差值則稱為「**公差**」。

 例 1 若一數列前五項的值分別為 2.0,2.6,3.2,3.8,4.4，試求出其第 7 項的值為何？

解 觀察此數列後，我們可以發現此數列後項減前項的值都是 0.6，故它是一等差數列。

因此若知道前一項的值，將它加上 0.6 就可以求出後一項的值，即

第二項＝第一項＋0.6　　2.6＝2.0＋0.6

第三項＝第二項＋0.6　　3.2＝2.6＋0.6

第四項＝第三項＋0.6　　3.8＝3.2＋0.6

第五項＝第四項＋0.6　　4.4＝3.8＋0.6

第六項＝第五項＋0.6　　5.0＝4.4＋0.6

第七項＝第六項＋0.6　　5.6＝5.0＋0.6

故第七項之值即為 5.6

二、等差數列第 k 項的值

由上例中可以發現，對一等差數列而言，只要知道公差（即相鄰兩項後項減前項的差），及此數列中首項的值，就可以推導出整個數列中其他各項的值。

若一等差數列 $<a_n>$ 首項的值為 a_1，公差為 d，則其他各項的值可以 a_1 及 d 表示如下：

首項 a_1

第二項 $a_2 = a_1 + d$

第三項 $a_3 = a_2 + d = a_1 + d + d = a_1 + 2d$

第四項 $a_4 = a_3 + d = a_1 + 2d + d = a_1 + 3d$

$$\vdots \qquad\qquad \vdots$$

第 k 項 $a_k = a_{k-1} + d = a_1 + (k-2)d + d = a_1 + (k-1)d$

例 2 一等差數列 $<a_n>$，首項 $a_1 = 3$，公差 $d = 2$，試求此數列的第三項及第七項之值？

解 第三項 $a_3 = a_1 + 2d = 3 + 2 \times 2 = 7$

第七項 $a_7 = a_1 + 6d = 3 + 6 \times 2 = 15$

例 3 一等差數列 $<a_n>$，首項 $a_1 = 2$，公差 $d = 3$，末項為 32，試問此等差數列 $<a_n>$ 共有幾項？

解 假設全部共有 n 項，末項即為第 n 項。

而末項 $a_n = a_1 + (n-1)d$

由已知得 $2 + (n-1) \times 3 = 32$

$(n-1) \times 3 = 32 - 2 = 30$

$$n-1=10$$

$$n=11$$

故此等差數列共有 11 項

三、等差中項

假設 a、b、c 三數所形成的數列為一等差數列，則 b 稱為 a 與 c 的等差中項，而且 a、b、c 間有 $a+c=2b$ 的關係。

說明 假設此等差數列的首項 $a_1=a$，公差為 d，則第二項可表成

$a_2=b=a+d$，第三項可表成 $a_3=c=a+2d$，則因

$2b=2a+2d=a+c$，故 a、b、c 三數存在 $a+c=2b$ 的關係。

例如 $a=1$、$b=3$、$c=5$，1、3、5 形成一等差數列，故 3 為 1 與 5 的等差中項，且 $2b=2\times3=6=1+5=a+c$

例 4 若 x 是 2 與 8 的等差中項，試求 x 的值。

解 因為 x 是 2 與 8 的等差中項

故　$2x=2+8=10$

$\Rightarrow x=5$

例 5 若兩數之積為 24，且此二數的等差中項為 5，試求此二數之值。

解 假設此二數分別為 x 及 y

則因此二數的等差中項為 5，故

$x+y=2\times5=10$

又題目說兩數之積為 24,

$$x \times y = 24$$

故此題即為求解

$$\begin{cases} x + y = 10 \\ x \times y = 24 \end{cases}$$ 的聯立方程式,

解得 $x = 4$, $y = 6$

或　$x = 6$, $y = 4$

習題 9-2

1. 一等差數列 $<a_n>$，第五項 $a_5 = 2$，公差 $d = -3$，試求此數列的第三項及第七項之值？

2. 一等差數列 $<a_n>$，第二項 $a_2 = 2$，$a_{11} = 11$，末項為 32，試問此等差數列 $<a_n>$ 共有幾項？

3. 已知兩數之等差中項為 1，且這兩數的積為 -15，求這兩數之值。

4. 如果二數 a、b 的等差中項為 9，$2a+b$、$a-b$ 之等差中項也為 9，試求 a、b 之值。

5. 若一等差數列的首項為 -20，第 7 項為 -11，則此數列從第幾項開始為正數？

9-3 等比數列

一、等比數列的意義

相較於等差數列中，任何相鄰兩項後項減前項的差都相等；而當一數列中，任何相鄰兩項後項除前項的比值都相等時，此數列稱為「**等比數列**」，而相鄰兩項後項除以前項的商則稱為「**公比**」。

例如 (1) 數列 $1，2，4，8，16，32，64$。

因為 $\dfrac{2}{1} = \dfrac{4}{2} = \dfrac{8}{4} = \cdots = \dfrac{64}{32} = 2$，

所以此數列為公比 2 的等比數列

(2) $15，5，\dfrac{5}{3}，\dfrac{5}{9}，\dfrac{5}{27}，\dfrac{5}{81}$。

因為 $\dfrac{5}{15} = \dfrac{\frac{5}{3}}{5} = \cdots = \dfrac{\frac{5}{81}}{\frac{5}{27}} = \dfrac{1}{3}$

所以此數列為公比 $\dfrac{1}{3}$ 的等比數列

例 **1** 若一等比數列前五項之值分別為 1, 3, 9, 27, 81，試求出此數列第七項之值為何？

解 觀察此數列後，我們可以發現此數列相鄰兩項後項除以前項的商都是 3，故它是一等比數列。

因此若知道前一項的值，將它乘上 3 就可以求出後一項的值，即

第二項＝第一項×3　　$1 \times 3 = 3$

第三項＝第二項×3　　$3 \times 3 = 9$

第四項＝第三項×3　　$9 \times 3 = 27$

第五項＝第四項×3　　$27 \times 3 = 81$

第六項＝第五項×3　　81×3 = 243

第七項＝第六項×3　　243×3 = 729

故第七項之值即為 729

二、等比數列第 k 項的值

由上例中可以發現，對一等比數列而言，只要知道公比（即相鄰兩項後項除以前項的商），及此數列中首項的值，就可以推導出整個數列中其他各項的值。

若一等比數列 $<a_n>$ 首項的值為 a_1，公比為 r，則其他各項的值可以 a_1 及 r 表示如下：

首　　項 a_1

第二項 $a_2 = a_1 \times r$

第三項 $a_3 = a_2 \times r = a_1 \times r \times r = a_1 \times r^2$

第四項 $a_4 = a_3 \times r = a_1 \times r^2 \times r = a_1 \times r^3$

$\vdots$　　　　　　$\vdots$

第 k 項 $a_k = a_{k-1} \times r = a_1 \times r^{k-2} \times r = a_1 \times r^{k-1}$

例 2　一等比數列 $<a_n>$，首項 $a_1 = 3$，公比 $r = 2$，試求此數列的第三項及第六項之值？

解　第三項 $a_3 = a_1 \times r^{3-1} = 3 \times 2^2 = 3 \times 4 = 12$

第六項 $a_6 = a_1 \times r^{6-1} = 3 \times 2^5 = 3 \times 32 = 96$

三、等比中項

假設 a、b、c 三數所形成的數列為一等比數列，此時我們稱 b 是 a 及 c 的等比中項，而且 a、b、c 間有 $b^2 = a \times c$ 的關係。

說明 假設此等比數列的首項 $a_1 = a$，公比為 r，則第二項可表成 $a_2 = b = a \times r$，第三項可表成 $a_3 = c = a \times r^2$，則因 $b^2 = (a \times r)^2 = a \times c$，故 a、b、c 三數存在 $a \times c = b^2$ 的關係。

例如 若 $a = 2$、$b = 4$、$c = 8$，因為 2、4、8 形成一等比數列，故 $b = 4$ 是 $a = 2$ 與 $c = 8$ 的等比中項，$b^2 = 4^2 = 16 = 2 \times 8 = a \times c$。

例 3 若 a 是 3 與 27 的等比中項，試求 a 之值。

解 因為 a 是 3 與 27 的等比中項，故

$$a^2 = 3 \times 27 = 81$$

$$a = \pm\sqrt{81} = \pm 9$$

例 4 a、9、b、81 四數成等比數列，試求 a、b 之值。

解 a、9、b 為一等比數列，故 $9^2 = 81 = a \times b$ ……………

9、b、81 為一等比數列，故 $b^2 = 9 \times 81 = 729$ …………

由　式得

$$b = \pm\sqrt{729} = \pm 27$$

1. 當 $b = 27$ 時

$$81 = a \times b = a \times 27$$

$$a = \frac{81}{27} = 3$$

2. 當 $b = -27$ 時

$81 = a \times b = a \times (-27)$

$a = \dfrac{81}{(-27)} = -3$

習題 9-3

1. 若一等比數列的第六項為 2，第九項為 54，求首項、公比，及一般項 a_k。

2. 設一等比數列中，第一項與第四項之和為 520，第二項與第三項之和為 160，試求首項與公比。

3. 假設某小鎮每年的人口數逐年成長，且成一等比數列，已知此鎮 10 年前有 25 萬人，現在有 30 萬人，那麼 20 年後，此鎮人口應有幾萬人？（請四捨五入到小數點以下第一位）

Chapter 10

級　數

10-1　級數的表示法

習題10-1

10-2　等差級數

習題10-2

10-3　等比級數

習題10-3

10-1　級數的表示法

一、級數的意義

在上一章中我們提到，將一些數字依序排成一列，即成一數列 $<a_n>$。

而若將此數列 $<a_n>$ 的各項依次相加，即

$$a_1 + a_2 + a_3 + a_4 + a_5 + \cdots + a_n$$

如此即成一「**級數**」。

例如 (1) 1,3,5,7,9,11 是一個數列，而 $1+3+5+7+9+11$ 是一個級數，首項是 1，第二項是 3，第三項是 5，…，末項是 11。

(2) 2,5,6,9,13,18 是一個數列，而 $2+5+6+9+13+18$ 是一個級數，首項是 2，第二項是 5，第三項是 6，…，末項是 18。

(3) 2,4,8,16,32,64 是一個數列，而 $2+4+8+16+32+64$ 是一個級數，首項是 2，第二項是 4，第三項是 8，…，末項是 64。

由一個有限數列各項相加所得到的級數，稱為「**有限級數**」；由一個無窮數列各項相加所得到的級數，稱為「**無窮級數**」。

例如 (1) 2,4,6,8,10 是一個項數為 5 的有限數列，所以 $2+4+6+8+10$ 是一個有限級數。

(2) 所有 3 的倍數所形成的數列：3,6,9,12,15,18,21,24,……是一個無窮數列，所以 $3+6+9+12+\cdots\cdots$ 是一個無窮級數。

我們通常以 ∑（讀作 *Sigma*）這個符號，來表示連加的意思。若有一數列 $<a_n>$，則可以下式表示這個數列從第 1 項加至第 n 項所成的級數，

$$\sum_{k=1}^{n} a_k = a_1 + a_2 + a_3 + a_4 + a_5 + \cdots a_n$$

（在 Σ 上面及下面的符號，代表要從第幾項加到第幾項，以上式為例，Σ 下面的符號是 $k=1$，代表從此數列的第 1 項開始加起，上面的符號是 n，代表說要加到第 n 項）

例如 若某一數列 $<a_n>$：$1,3,5,7,9,11,13,\cdots$，則若要表示此數列從第二項 $a_2=3$，加至第五項 $a_5=9$ 所成之級數，則可以下式表示

$$\sum_{k=2}^{5} a_k = 3+5+7+9$$

因此一有限級數即可以 $\displaystyle\sum_{k=1}^{n} a_k$ 表示，代表一項數為 n 之有限數列 $<a_n>$，各項相加所成之級數；而若要表示一無窮級數，因為無窮級數是由一有無窮項之無窮數列各項相加所成之級數，我們就以 $\displaystyle\sum_{k=1}^{\infty} a_k$ 表示此無窮級數，符號 $\displaystyle\sum_{k=1}^{\infty} a_k$ 上面 ∞ 符號表示無窮大的意思，即表示要加至無窮項。

在上一章數列中，若一數列各項間有規律可循，要表示此數列時，我們通常會找出各項與項數間的關係，再依此關係寫出一般項 a_k，使得此數列的表示能夠簡化；在這章中，若一數列各項間有規律可循，要表示此數列由第 1 項加至第 n 項的級數時，則可先找出此數列之一般項 a_k，再將此級數表示成 $\displaystyle\sum_{k=1}^{n} a_k$ 即可。

例如 若一等差數列 $<a_n>$：$2,4,6,8,10,\cdots$，則此數列之一般項 a_k 可表示成 $a_k=2k$，而此數列從第 1 項加至第 n 項所成的級數則可表示成

$$2+4+6+8+10+12+\cdots+2n = \sum_{k=1}^{n} 2k$$

例 1 試寫出下列級數並求和。

$$(1)\ \sum_{k=1}^{4}(2k-1) \qquad (2)\ \sum_{k=2}^{5} 2k^2 \qquad (3)\ \sum_{k=1}^{5}(-1)^k(3k)$$

解 $(1)\ \displaystyle\sum_{k=1}^{4}(2k-1) = (2\times1-1)+(2\times2-1)+(2\times3-1)+(2\times4-1)$

$$= 1+3+5+7$$

$$= 16$$

(2) $\displaystyle\sum_{k=2}^{5}2k^2 = (2\times 2^2)+(2\times 3^2)+(2\times 4^2)+(2\times 5^2)$

$\qquad\qquad\quad = 8+18+32+50$

$\qquad\qquad\quad = 108$

(3) $\displaystyle\sum_{k=1}^{5}(-1)^k(3k) = (-1)^1\times(3\times 1)+(-1)^2\times(3\times 2)+(-1)^3\times(3\times 3)+$

$\qquad\qquad\qquad\qquad\quad (-1)^4\times(3\times 4)+(-1)^5\times(3\times 5)$

$\qquad\qquad\qquad\quad = -3+6-9+12-15$

$\qquad\qquad\qquad\quad = -9$

例 2 試將下列各級數以 Σ 表示

(1) $1+4+7+10+13+16+19+22+25+28+31$

(2) $2+4+8+16+32+64+128+256+512+1024$

(3) $\dfrac{1}{2^2}+\dfrac{1}{3^2}+\dfrac{1}{4^2}+\dfrac{1}{5^2}+\dfrac{1}{6^2}+\dfrac{1}{7^2}+\dfrac{1}{8^2}+\dfrac{1}{9^2}+\dfrac{1}{10^2}$

解 (1) 此題是要求 $1,4,7,10,13,16,19,22,25,28,31$ 這個數列加起來所成的級數。

觀察這個數列各項之值後可以發現，這個數列是一個首項為 1，公差為 3 的等差數列，因此它的一般項

$$a_k = 1+3(k-1)=3k-2$$

而題目是求這個等差數列從第一項加到第十一項所成的級數，因此這個級數可以用 Σ 表示成

$$1+4+7+10+13+16+19+22+25+28+31$$

$$=\sum_{k=1}^{11}a_k=\sum_{k=1}^{11}(3k-2)$$

(2) 此題是要求 $2,4,8,16,32,64,128,256,512,1024$ 這個數列加起來所成的級數。

觀察這個數列各項之值後可以發現，這個數列是一個首項為 2，公比為 2 的等比數列，因此它的一般項

$$a_k = 2 \times 2^{k-1} = 2^k$$

而題目是求這個等差數列從第一項加到第十項所成的級數，因此這個級數可以用 Σ 表示成

$$2 + 4 + 8 + 16 + 32 + 64 + 128 + 256 + 512 + 1024$$

$$= \sum_{k=1}^{10} a_k = \sum_{k=1}^{10} 2^k$$

(3) 此題是要求 $\dfrac{1}{2^2} + \dfrac{1}{3^2} + \dfrac{1}{4^2} + \dfrac{1}{5^2} + \dfrac{1}{6^2} + \dfrac{1}{7^2} + \dfrac{1}{8^2} + \dfrac{1}{9^2} + \dfrac{1}{10^2}$

這個數列加起來所成的級數。

將這個數列各項之值與足碼表列如下：

k	1	2	3	4	5	6	7	8	9
a_k	$\dfrac{1}{2^2}$	$\dfrac{1}{3^2}$	$\dfrac{1}{4^2}$	$\dfrac{1}{5^2}$	$\dfrac{1}{6^2}$	$\dfrac{1}{7^2}$	$\dfrac{1}{8^2}$	$\dfrac{1}{9^2}$	$\dfrac{1}{10^2}$

由上表可以發現此數列的一般項 a_k 與其足碼 k 的關係可以表示為

$$a_k = \frac{1}{(k+1)^2}$$

而題目是求這個數列從第一項加到第九項所成的級數，因此這個級數可以用 Σ 表示成

$$\frac{1}{2^2} + \frac{1}{3^2} + \frac{1}{4^2} + \frac{1}{5^2} + \frac{1}{6^2} + \frac{1}{7^2} + \frac{1}{8^2} + \frac{1}{9^2} + \frac{1}{10^2}$$

$$= \sum_{k=1}^{9} a_k = \sum_{k=1}^{9} \frac{1}{(k+1)^2}$$

習題 10-1

1. 試用 Σ 記號表示下列級數：

   (1) $\dfrac{1}{2}+\dfrac{1}{4}+\dfrac{1}{6}+\cdots\cdots+\dfrac{1}{50}$

   (2) $-3+3-3+3-3+\cdots\cdots+3$（共 200 項）

   (3) $1\times3+2\times4+3\times5+\cdots\cdots+99\times101$

   (4) $7+9+11+\cdots\cdots+51$

   (5) $0.3+0.03+0.003+\cdots\cdots$ （至第九項）

2. 試展開下列級數：

   (1) $\displaystyle\sum_{k=1}^{10}(k^2+k+3)$

   (2) $\displaystyle\sum_{k=11}^{20}(k^2+3k)$

   (3) $\displaystyle\sum_{k=-4}^{6}\left(\dfrac{2k}{5}+2\right)$

   (4) $\displaystyle\sum_{k=3}^{6}(-0.3)^k$

   (5) $\displaystyle\sum_{k=2}^{8}\dfrac{1}{k(k+1)}$

3. 求 $\displaystyle\sum_{k=1}^{30}(3k-2)=$？

4. 已知 $\displaystyle\sum_{k=1}^{100}a_k=205$、$\displaystyle\sum_{k=1}^{100}b_k=26$，求 $\displaystyle\sum_{k=1}^{100}(\dfrac{a_k}{5}-\dfrac{b_k}{2}+1)$ 之值？

10-2　等差級數

一、等差級數的意義

一個由等差數列各項相加所得到的級數，就是所謂的「**等差級數**」。

例如 (1) $1,2,3,4,5$ 為一等差數列，而 $1+2+3+4+5$ 為一等差級數，首項為 1 公差為 1，項數為 5

(2) $2,4,6,8,10$ 為一等差數列，而 $2+4+6+8+10$ 為一等差級數，首項為 2，公差為 2，項數為 5

二、等差級數前 n 項的和

在介紹等差級數求和的方法前，我們先講一個故事：

數學王子－高斯（1777～1855）這位令人敬畏的數學天才。他不但被認為是十九世紀最偉大的數學家，而且與阿基米得和牛頓並稱為歷史上最偉大的三位數學家。他非常聰明。高斯還不會說話時自己學計算，三歲時一天晚上他看著父親在算工錢時，還糾正父親計算的錯誤。

他八歲時進入鄉村小學讀書。教數學的老師從城裏來，覺得窮人的孩子天生都是笨蛋，教這些笨孩子念書不必認真，如果有機會還應該處罰他們，使自己在這枯燥的生活中添一些趣味。

有一天，老師說：「你們今天替我算 $1+2+3+\cdots\cdots+100$，誰算不出就不能回家吃飯。」其它小孩只得拿起小石板慢慢計算，可是小高斯卻抬頭凝視著窗外。過一會兒，他就寫了答案交給老師。

老師一看，大吃一驚，「5050」正確，於是問小高斯如何計算。他笑著說：「$1+100$，$2+99\cdots$全都等於 101。從 1 加到 100 就是 50 個 101，因此，$101\times50=5050$。」

將小高斯所用的方法圖示如下：

$$令 \quad S_{100} = 1 + 2 + 3 + \cdots\cdots\cdots\cdots\cdots + 98 + 99 + 100$$

$$+) \quad S_{100} = 100 + 99 + 98 + \cdots\cdots\cdots\cdots\cdots + 3 + 2 + 1$$

$$2S_{100} = 101 + 101 + 101 + \cdots\cdots\cdots\cdots + 101 + 101 + 101$$

$$2S_{100} = 100 \times 101$$

$$S_{100} = \frac{100}{2} \times 101 = 50 \times 101 = 5050$$

由上面這個故事中，我們可以從小高斯用來解決老師的問題所用的方法中發現用來求一般等差級數的方法，也就是假設知道構成這個等差級數的首項為 a_1，末項為 a_n，項數為 n，若以 S_n 表示這個等差級數的和，則

$$S_n = a_1 + a_2 + \cdots\cdots\cdots + a_{n-1} + a_n$$

$$+) \quad S_n = a_n + a_{n-1} + \cdots\cdots\cdots + a_2 + a_1$$

$$2S_n = (a_1 + a_n) + (a_1 + a_n) + \cdots\cdots\cdots + (a_1 + a_n)$$

$$2S_n = n(a_1 + a_n)$$

$$S_n = \frac{n}{2}(a_1 + a_n)$$

$(\because a_2 + a_{n-1} = a_1 + d + a_{n-1} = a_1 + a_n$，$\cdots\cdots\cdots)$

而若知道此等差數列的首項 a_1，公差 d，項數 n，則因 $a_n = a_1(n-1)d$，故上式可以改寫為

$$S_n = \frac{n}{2}\left[a_1 + a_1 + (n-1)d\right] = \frac{n}{2}\left[2a_1 + (n-1)d\right]$$

例 1 計算下列級數之和。

(1) $2 + 4 + 6 + 8 + 10 + \cdots + 100 = ?$

(2) $4 + 1 + (-2) + (-5) + \cdots + (-68) = ?$

(1) 首項為 2，公差為 $4-2=2$，設項數為 n，則

$$a_n = 2+2\cdot(n-1)=100$$

$$\Rightarrow 2(n-1)=98$$

$$\Rightarrow n-1=49$$

$$\Rightarrow n=50$$

依公式得此等差級數之和為

$$2+4+6+8+10+\cdots+100=\frac{50}{2}(2+100)=2550$$

(2) 首項為 4，公差為 $1-4=-3$，設項數為 n，則

$$a_n = 4+(-3)\times(n-1)=-68$$

即

$$-3(n-1)=-72$$

$$n-1=24$$

$$n=25$$

依公式得級數之和為

$$4+1+(-2)+(-5)+\cdots+(-68)=\frac{25}{2}(4+(-68))=-800$$

 例 2　設一等差級數首項是 3，公差是 2，項數是 20，求級數和？

 $S_{20}=\frac{20}{2}(2\times3+2\times(20-1))=440$

例 3 一等差級數共有二十九項，已知第十五項是 -43，求其總和 $S_{29} = ?$

解 假設構成此等差級數的首項為 a_1，公差為 d，則

$$S_{29} = \frac{29}{2}\left[2a_1 + (29-1)d\right] = \frac{29}{2}(2a_1 + 28d) = 29(a_1 + 14d)$$

又由題目中得知第十五項　$a_{15} = a_1 + (15-1)d = a_1 + 14d = -43$

故　$S_{29} = 29 \times a_{15} = 29 \times (-43) = -1247$

習題 10-2

1. 一等差級數共有六項，其第三項為 17，首項比末項大 25，求首項及公差？

2. 求 1 至 100 所有偶數的和。

3. 設等差級數 $1.5 + 1.8 + 2.1 + \cdots\cdots$ 至第 n 項的和為 33，求 n 之值。

4. 計算下列等差級數之和：

   (1) $15 + 19 + \cdots\cdots + 111$

   (2) $(-\dfrac{1}{2}) + (-1) + \cdots\cdots + (-50)$

   (3) $\displaystyle\sum_{k=1}^{7}(6k+2)$

5. 在 10 與 100 間插入 5 個數，使其成等差數列，問此等差數列所構成的級數和為何？

10-3 等比級數

一、等比級數的意義

將一個等比數列的各項依次相加,即形成一個「**等比級數**」。

例如 (1) 2,4,8,16,32 是一個等比數列,而 $2+4+8+16+32$ 即形成一等比級數,這個等比級數之首項為 2,公比為 2,末項為 32。

(2) $\dfrac{1}{3}$,$\dfrac{1}{3^2}$,$\dfrac{1}{3^3}$,$\dfrac{1}{3^4}$,$\dfrac{1}{3^5}$ 是一個等比數列,而 $\dfrac{1}{3}+\dfrac{1}{3^2}+\dfrac{1}{3^3}+\dfrac{1}{3^4}+\dfrac{1}{3^5}$ 即形成一等比級數,這個等比級數之首項為 $\dfrac{1}{3}$,公比為 $\dfrac{1}{3}$,末項為 $\dfrac{1}{3^5}$。

二、等比級數求和的公式

假設一等比數列 $<a_n>$ 之首項為 a_1,公比為 r,項數為 n,令 S_n 表此數列各項相加所成之等比級數之和,則

(1) $S_n = \dfrac{a_1(1-r^n)}{1-r} = \dfrac{a_1(r^n-1)}{r-1}$ (當 $r \neq 1$)

(2) $S_n = na_1$ (當 $r = 1$)

證明 (1) 當 $r \neq 1$ 時

$S_n = a_1 + a_2 + a_3 + \cdots + a_n$

$\quad = a_1 + a_1r + a_1r^2 + \cdots + a_1r^{n-1}$ ....

式兩邊同乘 r 得 $\quad rS_n = a_1r + a_1r^2 + \cdots + a_1r^{n-1} + a_1r^n$ ....

$\qquad - \qquad S_n = a_1 + a_1r + a_1r^2 + \cdots\cdots + a_1r^{n-1}$

$\qquad \underline{\quad -)\, rS_n = a_1r + a_1r^2 + \cdots\cdots + a_1r^{n-1} + a_1r^n}$

$(1-r)\,S_n = a_1 - a_1r^n$ ....

化簡 $\quad S_n = \dfrac{a_1 - a_1r^n}{1-r} = \dfrac{a_1(1-r^n)}{1-r}$ (或 $\dfrac{a_1(r^n-1)}{r-1}$)

(2) 當 $r = 1$ 時

$$a_1 = a_2 = a_3 = \cdots = a_n$$

$$S_n = a_1 + a_2 + a_3 + \cdots + a_n$$

$$= na_1$$

例如 $2，4，8，16，32$ 是一個等比數列，而 $2+4+8+16+32$ 即形成一等比級數，若求這個等比級數的和。

則因 $2，4，8，16，32$ 這個等比數列的首項為 2，公比為 2，項數為 5，故其和

$$S_5 = \frac{2(2^5 - 1)}{2 - 1} = 62$$

例 1 計算下列級數之和。

(1) $3,15,75,375,\cdots\cdots$ 之前七項總和。

(2) $2,-4,8,-16,\cdots\cdots$ 之前十項總和。

解 (1) 首項為 3，公比為 $15 \div 3 = 5$，項數為 7，代入等比級數求和的公式

$$S_7 = \frac{3(5^7 - 1)}{5 - 1} = \frac{3 \times 78124}{4} = 58593$$

(2) 首項為 2，公比為 $-4 \div 2 = -2$，項數為 10，代入等比級數求和的公式

$$S_{10} = \frac{2((-2)^{10} - 1)}{-2 - 1} = -682$$

例 2 等比級數之首項為 1，公比為 2，前 n 項之和為 63，則 $n = ?$

解 等比級數求和公式為

$$S_n = \frac{a_1(r^n - 1)}{r - 1}$$

由題目知

$$63 = \frac{a_1(2^n - 1)}{2 - 1} = 2^n - 1$$

$$\Rightarrow 2^n = 64$$

$$\Rightarrow n = 6$$

例 3 某人於每年年初存入銀行 10,000 元，假設年利率為 6%，複利計算，則第 5 年年底結算時本利和為多少元？

解 套入複利本利和公式，假設存入本金為 P 元，利率為 r，經過 n 期，則本利和 S 為

$$S = P(1 + r)^n$$

第一年初存入的 10,000 元在第五年底的本利和為

$$10,000(1.06)^5$$

第二年初存入的 10,000 元在第五年底的本利和為

$$10,000(1.06)^4$$

$$\vdots$$

第五年初存入的 10,000 元在第五年底的本利和為

$$10,000(1.06)$$

故第五年底的本利和為

$$10,000(1.06) + \cdots + 10,000(1.06)^4 + 10,000(1.06)^5$$

上式為一首項為 10,600，公比為 1.06，項數為 5 的等比級數，利用等比級數求和公式，其和為

$$\frac{10600(1.06^5 - 1)}{1.06 - 1} \approx 59,753 （元）$$

習題 10-3

1. 某人欲建立個人圖書館，假設他想為自己的圖書館購置 1000 本書，因此他第一天買一本書，第二天買 2 本書，第三天買 4 本書，如此逐日倍增，試問到了第幾天他能達到自己的期望？

2. 小明於每年年初存入銀行 20,000 元，假設年利率為 6%，複利計算，則第 10 年年底結算時本利和為多少元？又當年利率為 2%時，其本利和為何？

3. 試計算下列級數的和：

(1) $1 + \left(-\dfrac{3}{2} \right) + \dfrac{9}{4} + \left(-\dfrac{27}{8} \right) + \cdots + \dfrac{729}{64}$

(2) $0.9 + 0.09 + 0.009 + \cdots\cdots$ 至第 10 項的和

(3) $\displaystyle\sum_{k=2}^{7} (-0.2)^k$

附錄 APPENDIX 認識證明—以數學歸納法為例

　　首先我們先介紹何謂數學歸納法原理：設 P 為一個與自然數有關的命題（可判別真偽的敘述，稱為命題），當要證明它對所有自然數 n（無窮多）均成立時，我們只要證得下列兩個條件成立即可。

1. 當 $n=1$ 時，此命題成立。

2. 設 $n=k$ 時命題成立，則 $n=k+1$ 時命題亦成立。

　　此時，可知此命題對所有自然數均成立。此即為數學歸納法原理。

　　為什麼只要證得一命題滿足上述兩個條件，則知此命題對所有無窮多的自然數 n 均成立呢？這好比骨牌理論：假設我們排了無窮多的骨牌，不論骨牌排列的形狀怎麼彎來彎去，只要保證「當第 k 個骨牌倒下，則後面那個第 $k+1$ 個骨排也會倒下」。那麼，當第 1 個骨牌被推倒，則所有無窮多的骨牌皆會因而一個個倒下去。同學們，懂得這個意思嗎？

　　同理，當一命題在 $n=1$ 時成立，那麼根據 2.設 $n=k$ 時命題成立，則 $n=k+1$ 時命題亦成立的道理，豈不是 $n=2$ 時 $(2=1+1)$ 命題也成立，依此類推 $n=3$ 時 $(3=2+1)$，$n=4,5,\cdots$ 時，此命題皆成立；意即只要一命題滿足上述 2 條件，則可知對所有自然數而言，此命題均成立。這就是數學歸納法原理的真義。再以實例說明於後。

例如 利用數學歸納法原理證明：

$$1+2+3+\cdots+n=\frac{1}{2}n(n+1), n \in N$$

 證明 1. 當 $n=1$ 時，左式 $=1$，右式 $=\frac{1}{2} \cdot 1 \cdot (1+1)=1$，即 $n=1$ 時，原式成立。

　　　2. 設 $n=k$ 時，原式成立，即

$$1+2+3+\cdots+k=\frac{1}{2}k(k+1)$$

$$\Rightarrow 1+2+3+\cdots+k+\underline{k+1}=\frac{1}{2}k(k+1)+\underline{k+1}$$

$$= \frac{1}{2}(k+1)(k+2)$$

$$= \frac{1}{2}(k+1)(\underset{\sim}{k+1}+1)$$

上式即表示了：$n = k+1$ 時，原式亦成立

∴ 依數學歸納法原理知，

$$1+2+3+\cdots+n = \frac{1}{2}n(n+1) , \quad n \in N$$

隨堂練習

以數學歸納法原理證明：$1+3+5+\cdots+(2n-1) = n^2$（略）

附錄 APPENDIX

隨機亂數表

2342 4056 2029 1550 2988 8350 5053 4943 1831 1167 6600 0301 2640 5624 9787 7299 1646 5163
5937 5734 2899 7963 2139 1462 5717 9510 1572 8829 0174 2697 5128 2777 9712 0965 3765 1923
7323 7484 7651 3708 2420 9400 8460 8165 9049 6398 8242 7378 9912 8151 4670 8556 6898 1870
1373 8446 7868 7764 5830 5074 0784 0213 5369 9901 9422 4301 3105 9808 9698 0028 9230 1356
3957 0380 7984 0550 6402 9918 2810 0692 0490 1096 9276 7527 2775 7030 0823 2885 0142 4929

9883 2591 1026 2278 8520 6678 2204 2186 8797 2406 5021 3733 4155 9773 9478 3478 0827 1895
8304 2906 5983 9869 8212 3183 1711 6869 7594 5100 9078 7144 6388 2097 1526 6682 2143 0735
7530 8343 1370 0756 1455 8006 5323 7754 0462 8897 3592 6391 4550 0075 0057 6687 0277 2892
2027 7644 7350 8233 9024 0093 6888 6501 7662 0738 4624 4096 7939 6466 7442 7956 3297 7275

1143 0295 6281 1438 9411 8932 0369 5731 2435 2325 9213 8549 9825 2416 6580 3006 7169 1239
9103 5437 9876 3116 0281 5345 3595 8844 3098 6892 5512 6211 7556 0079 2509 5217 7094 8347
9305 4830 2550 4866 5032 7648 9802 7824 2399 1053 2988 3780 1406 8201 7815 8975 5494 9380
9252 1221 2197 9270 4610 8588 6654 2456 1608 0372 2751 0724 0245 1683 3929 3272 0522 7410
2179 5881 8219 1204 5366 2878 7226 0742 3634 1516 1314 8478 3542 1793 7041 2963 5089 0267

8869 1392 3823 9972 8407 9660 2460 0618 9586 9568 6179 3461 2403 1115 8095 1552 6860 7744
6161 2957 2570 3730 0249 4135 4781 7449 5977 6952 4025 9366 3344 4100 0654 6363 5792 0948
5001 9880 8684 5388 8686 9016 4911 4406 4045 6383 9368 6972 1043 5390 8906 1799 9680 9478
1706 9572 5205 9460 3253 5315 2572 7359 9882 2313 0211 3456 4708 0950 9109 4634 4616 1227
7451 6163 6586 2203 1908 2792 0141 1209 8005 0734 5337 8413 2299 0642 5613 4141 5117 1895

1508 9574 8818 4528 3956 9112 3644 3165 8044 6848 3552 6884 3772 6664 8541 8800 1139 7565
7984 3587 6621 9996 4435 4233 4840 4620 4712 9960 7657 1451 0070 0770 8672 1195 3626 6334
9464 2264 0422 5947 5929 2540 6149 8765 0919 7899 5167 3222 4105 4897 5965 2760 2374 3534
0496 2281 3811 2338 3314 3829 9169 3147 1213 7015 6167 2154 7310 5283 4804 6242 8488 5190
1969 4421 9854 0113 2452 8878 3041 7111 4900 4975 1309 5749 8988 6153 1217 9467 4716 9711

1384 2083 3428 5951 8382 0896 9668 4219 7019 5177 0702 4127 0738 0905 3520 5674 2654 8272
8861 9652 0720 7516 7129 8289 7924 1810 0152 1682 3651 4627 1700 7040 1018 0848 4886 4038
5181 3155 6760 4113 6359 3062 2952 9840 9177 4610 8311 0649 3634 7796 5309 9656 3172 6064
7441 0908 5972 4223 9471 3726 7519 9581 6838 8183 0706 3137 2402 0838 2090 4890 0488 2016
8609 8776 4833 3543 0525 9585 9290 0174 7523 8591 5387 5000 6160 2679 6565 4908 9879 8407

6455 1796 5774 3840 3084 7940 8222 3378 7910 7431 2310 1114 7818 7708 8038 3932 9365 9624
4947 2552 6622 0969 4486 7378 5259 5057 5664 7285 5536 0784 0397 8833 0894 8151 2938 5461
0600 9035 0288 6530 4688 0213 0195 6806 0415 3031 1743 2165 7782 7488 8371 5721 6789 3584
7800 0877 4762 3105 1193 9720 0696 7768 3109 7087 1534 4397 0107 9535 4692 9223 8744 3623
9131 2463 9351 5245 4120 4379 6718 3144 7307 1377 1668 9241 5575 0015 9812 0419 2041 0291

3237 0305 5650 6349 6941 1725 2648 5355 3790 1601 4401 2559 8084 0669 4678 8286 0902 3056
5653 5359 6242 7034 8102 4898 4511 5671 8748 2634 4418 5948 4475 5451 5966 1306 5284 3350
8304 4291 9447 7421 6942 8379 0625 7328 7218 4106 3443 8876 1351 1473 7900 5178 2488 7038
3446 7886 1125 8290 3354 1605 8534 1082 4901 3521 4220 5565 8088 0519 3226 5103 6356 9156
2840 6264 2875 3042 5657 7811 4791 0409 0114 0998 1789 2857 6533 9266 0426 6945 0831 9174

2673 0206 7279 2620 6598 4664 0466 9617 9046 0760 8734 8255 9692 1938 8642 8532 5419 4756
3890 6228 9213 3375 0888 2354 8752 1644 9525 9323 6488 1551 9802 5050 9305 0991 5160 2417
6285 8716 4866 3301 4554 7353 8628 7595 7577 4188 4355 1295 9124 6105 5164 4870 7536 3102
0966 0579 7401 8258 1447 0487 5459 3986 4962 2034 7375 1353 9419 8663 4373 3801 9580 3489
8898 6694 3397 3287 6173 9511 9445 8645 0984 3968 1573 5643 3106 6623 9515 7396 1945 7801

7673 9220 7176 0970 3032 0288 5076 5990 0029 2737 1172 2425 6672 6825 2350 2332 8944 2552
3880 4302 9919 9625 0508 8581 9263 7219 5335 9937 3014 6900 5242 0214 8741 9717 7900 5246
7290 6534 2244 1673 6829 1360 0881 5761 4565 1268 4600 1488 7382 6257 6516 8855 5281 4445
3039 1378 7127 2152 1949 2556 4178 2428 7677 5374 9167 7787 8486 9831 2354 4785 7492 5927
3422 1580 7106 7088 0257 3866 6481 6355 5615 1233 0938 8221 2613 3681 0477 0438 1250 4327

9998 1527 0055 1030 1545 6886 0864 8930 4732 3883 9870 0265 3000 2521 9584 6204 2908 2798
9022 4455 4714 7052 3479 7641 1712 9501 9575 9026 3465 6705 3869 8933 7184 2431 6687 0480
9799 1144 6676 6098 8806 0683 9358 4735 2894 8419 1843 8454 8621 1236 3390 0370 5988 5693

習題解答

習題 **1-2**

1. $(-2x^3 + x^2 + 1) \cdot (x^2 - x + 4)$

   $= -2x^5 + 2x^4 - 8x^3 + x^4 - x^3 + 4x^2 + x^2 - x + 4$

   $= -2x^5 + 3x^4 - 9x^3 + 5x^2 - x + 4$

2. 商為 $2x^3 + 3x^2 + 6x + 15$，餘式為 34

3. 商為 $3x^2 + 2x - 1$，餘式為 -1

4. 餘式為 0

5. $f(x) = x^2 - 5x + a$ 有 $x + 2$ 的因式，依餘式定理知，

   $f(-2) = 0$ 即 $f(-2) = 4 + 10 + a = 0$

   $\Rightarrow a = -14$

6. 設 $f(x) = (x-1)(x-2)Q(x) + ax + b$，依題意知，

   $\begin{cases} f(1) = a + b = 3 \cdots\cdots\cdots ① \\ f(2) = 2a + b = 6 \cdots\cdots ② \end{cases}$

   $② - ①$ 得 $a = 3 \Rightarrow b = 0$

   $\therefore$ 餘式為 $3x$

習題 **1-3**

1. $4x^2 - 6x = 0$

   $\Rightarrow x(4x - 6) = 0$

   $\Rightarrow x = 0$ 或 $x = \dfrac{3}{2}$

2. $(2x-1)^2 - (x+2)(2x-1) = 0$

$\Rightarrow (2x-1)(2x-1-x-2) = 0$

$\Rightarrow (2x-1)(x-3) = 0$

$\Rightarrow x = \dfrac{1}{2}$ 或 3

3. $x^2 - 5x + 6 = 0$

$\Rightarrow (x-2)(x-3) = 0$

$\Rightarrow x = 2$ 或 3

4. $4x^2 + 4x - 15 = 0$

$\Rightarrow (2x+5)(2x-3) = 0$

$\Rightarrow x = -\dfrac{5}{2}$ 或 $\dfrac{3}{2}$

5. $9x^2 = 4 \Rightarrow 9x^2 - 4 = 0$

$\Rightarrow (3x-2)(3x+2) = 0$

$\Rightarrow x = \dfrac{2}{3}$ 或 $-\dfrac{2}{3}$

6. $(2x+1)^2 = 8$

$\Rightarrow 2x + 1 = \pm\sqrt{8} = \pm 2\sqrt{2}$

$\Rightarrow 2x = -1 \pm 2\sqrt{2}$

$\Rightarrow x = \dfrac{-1 \pm 2\sqrt{2}}{2}$

7. $(2-x)^2 = 5$

$\Rightarrow (x-2)^2 = 5$

$\Rightarrow x - 2 = \pm\sqrt{5}$

$\Rightarrow x = 2 \pm \sqrt{5}$

8. $2(x-1)^2 + 3 = 6$

$\Rightarrow 2(x-1)^2 = 3$

$\Rightarrow (x-1)^2 = \dfrac{3}{2}$

$\Rightarrow x - 1 = \pm\sqrt{\dfrac{3}{2}} = \pm\dfrac{\sqrt{6}}{2}$

$\Rightarrow x = 1 \pm \dfrac{\sqrt{6}}{2}$

9. $x^2 + x - 1 = 0$

利用公式，先求
$b^2 - 4ac = 1^2 - 4 \cdot 1 \cdot (-1) = 5$

$\therefore x = \dfrac{-1 \pm \sqrt{5}}{2}$

10. $3x^2 - x + 5 = 0$

先求 $b^2 - 4ac = (-1)^2 - 4 \cdot 3 \cdot 5 = -59 < 0$

$\therefore$ 方程式無實數解

11. 3

習題 2-2

1. 圓心 $(0,0)$，半徑 2 的圓為 $(x-0)^2 + (y-0)^2 = 2^2$ 　即 $x^2 + y^2 = 4$

2. $A(0,0)$，$B(4,0)$，$C(0,3)$，$\triangle ABC$ 為直角三角形

   $\therefore \overline{BC}$ 為 $\triangle ABC$ 之直徑

   $\therefore \triangle ABC$ 外接圓圓心為 $\overline{BC}$ 的中點 $D(2, \dfrac{3}{2})$

   半徑 $r = \overline{AD} = \sqrt{(2-0)^2 + (\dfrac{3}{2}-0)^2} = \sqrt{\dfrac{25}{4}} = \dfrac{5}{2}$

   圓方程式為 $(x-2)^2 + (y-\dfrac{3}{2})^2 = \dfrac{25}{4}$

圖中標示：$C(0,3)$、D、$A(0,0)$、$B(4,0)$

※圖 12-1

   另解：設三角形外接圓方程式為 $x^2 + y^2 + dx + ey + f = 0$

   代入三點 $(0,0)$，$(4,0)$，$(0,3)$ 可得聯立方程組如下：

   $\begin{cases} f = 0 \\ 16 + 4d + f = 0 \\ 9 + 3e + f = 0 \end{cases} \Rightarrow \begin{cases} f = 0 \\ d = -4 \\ e = -3 \end{cases}$

   $\therefore$ 所求圓方程式為 $x^2 + y^2 - 4x - 3y = 0$

3. $x^2 + y^2 + 4x + 8y + 16 = 0 \Rightarrow (x^2 + 4x + 4) + (y^2 + 8y + 16) = -16 + 4 + 16$

   $(x+2)^2 + (y+4)^2 = 4$

   圓心 $(-2, -4)$，半徑 2

4. 外部　　　　　　　　5. 8 , 2　　　　　　　　6. $k = 6$

7. $3\overline{AP} = 2\overline{PB} \Rightarrow \dfrac{\overline{AP}}{\overline{PB}} = \dfrac{2}{3}$ 　　$\overline{AP} : \overline{PB} = 2 : 3$

   設 P 之坐標為 (x, y)，依分點公式

   $x = \dfrac{3 \cdot (-2) + 2 \cdot 3}{2 + 3} = \dfrac{0}{5} = 0$

   $y = \dfrac{3 \cdot 1 + 2 \cdot 0}{2 + 3} = \dfrac{3}{5}$

8. -16

習題 2-3

1. 略

習題 2-4

1. $\overline{AB} = \sqrt{(7-4)^2 + (3-5)^2 + (4-(-2))^2} = 7$

$\overline{BC} = \sqrt{(4-1)^2 + (5-0)^2 + (-2-6)^2} = \sqrt{98} = 7\sqrt{2}$

$\overline{AC} = \sqrt{(7-1)^2 + (3-0)^2 + (4-6)^2} = 7$

$\because \overline{BC}^2 = \overline{AB}^2 + \overline{AC}^2$　$\therefore \triangle ABC$ 為直角三角形

又 $\because \overline{AB} = \overline{AC}$　$\therefore \triangle ABC$ 亦為等腰三角形

2. $\triangle ABC$ 之重心坐標為 $(\dfrac{3+3+0}{3}, \dfrac{-1+7+3}{3}, \dfrac{2-4+2}{3}) = (2,3,0)$

3. $C(1,0,0)$

習題 3-1

1. (1) $\overleftrightarrow{PQ}$ 之斜率為 $\dfrac{1}{3}$

(2) $\overleftrightarrow{PQ}$ 之斜率為 0

(3) $\overleftrightarrow{PQ}$ 無斜率可言

2. 如圖 12-2 所示，中線 $\overleftrightarrow{AD}$ 之斜率為 $\dfrac{\dfrac{13}{2}-2}{\dfrac{9}{2}-3} = \dfrac{\dfrac{9}{2}}{\dfrac{3}{2}} = 3$

$\overleftrightarrow{BE}$ 之斜率為 $\dfrac{5-5}{3-6} = 0$

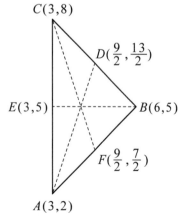

※圖 12-2

$\overleftrightarrow{BE}$ 之斜率為 $\dfrac{5-5}{3-6}=0$

$\overleftrightarrow{CF}$ 之斜率為 $\dfrac{\dfrac{7}{2}-8}{\dfrac{9}{2}-3}=\dfrac{\dfrac{-9}{2}}{\dfrac{3}{2}}=-3$

3. 略

4. (1) $\overleftrightarrow{AB}$ 之斜率為 $\dfrac{-3-1}{3-5}=\dfrac{-4}{-2}=2$

$\overleftrightarrow{CD}$ 之斜率為 $\dfrac{h-2}{-2+6}=\dfrac{h-2}{4}$

若 $\overleftrightarrow{AB}/\!/\overleftrightarrow{CD}$，則 $2=\dfrac{h-2}{4}$

$\Rightarrow h-2=8$

$\Rightarrow h=10$

(2) 若 $\overleftrightarrow{AB}\perp\overleftrightarrow{CD}$，則 $2\cdot\dfrac{h-2}{4}=-1$

$\Rightarrow h-2=-2$

$\Rightarrow h=0$

5. $a=\dfrac{5}{2}$

6. $(-1,5)$

習題 3-2

1. 直線 $2x+3y+4=0$ 之斜率為 $-\dfrac{2}{3}$

2. 利用點斜式 $y-y_1=m(x-x_1)$

∴所求直線方程式為 $y-8=-\dfrac{4}{5}(x-3)$

3. 依題意知，所求直線之斜率為 -1

　　$\therefore$ 依點斜式知，

　　所求直線方程式為 $y - 4 = -1(x - 2)$

4. 設所求之直線斜率為 m

　　則依題意 $m \cdot 1 = -1 \Rightarrow m = -1$

　　（$\because$ 直線 $x - y + 2 = 0$ 之斜率為 1）

　　$\therefore$ 所求直線方程式為 $y - 2 = (-1)(x - 1)$

5. 過二點 $(3,1),(0,2)$ 之直線方程式

　　$y - 2 = \dfrac{-1}{3}(x - 0) \Rightarrow y - 2 = \dfrac{-1}{3}x$

　　在 x 軸之截距為 6 及在 y 軸之截距為 2

6. $\begin{cases} x + y + 1 = 0 \cdots ① \\ x - y + 1 = 0 \cdots ② \end{cases}$　　$① + ②$ 得 $2x + 2 = 0$

　　$\Rightarrow x = -1$，$y = 0$

　　即交點 p 之坐標為 $(-1,0)$

　　$\therefore$ 所求直線方程式為 $y - 0 = 2(x + 1) \Rightarrow y = 2(x + 1)$

7. 求 $\overline{AB}$ 之中點 $C(\dfrac{2}{2}, \dfrac{6}{2}) = C(1,3)$ 及求 $\overleftrightarrow{AB}$ 之斜率為 $\dfrac{-2}{4} = -\dfrac{1}{2}$

　　$\therefore$ 可知 $\overline{AB}$ 之垂直平分線之斜率必為 2

　　$\therefore$ 所求垂直平分線之方程式為 $y - 3 = 2(x - 1)$

　　$\Rightarrow 2x - y + 1 = 0$

3-3

1. 依距離公式，得

$$d = \frac{|-1 + 2 \cdot 1 - 1|}{\sqrt{1^2 + 2^2}} = \frac{0}{\sqrt{5}} = 0$$

即點 P 在直線 L 上。

2. 依公式 L_1, L_2 之距離為 $\frac{|-3 - (-5)|}{\sqrt{1^2 + 1^2}} = \frac{2}{\sqrt{2}} = \sqrt{2}$

3. (1) 先求 $\overleftrightarrow{BC}$ 之方程式 $3x - 4y - 12 = 0$

   (2) 求 $\overline{BC}$ 之長　$\overline{BC} = \frac{25}{2}$

   (3) 求點 $A(2,1)$ 至 $\overleftrightarrow{BC}$ 之距離 $d = 2$

   $\therefore \triangle ABC$ 之面積為 $\frac{1}{2} \cdot \frac{25}{2} \cdot 2 = \frac{25}{2}$（平方單位）

4. 36　　5. 2

 4-1

1. $(a - a^{-1})(a^2 + a^{-2}) = a \cdot a^2 + a \cdot a^{-2} - a^{-1} a^2 - a^{-1} a^{-2} = a^3 + a^{-1} - a - a^{-3}$

2. $\dfrac{(\sqrt[3]{a^2 b^5})^3}{(\sqrt[6]{a^4 b^{10}})^3} = \dfrac{(a^2 b^5)^{\frac{3}{3}}}{(a^4 b^{10})^{\frac{3}{6}}} = \dfrac{a^2 b^5}{a^{\frac{4}{2}} b^{\frac{10}{2}}} = \dfrac{a^2 b^5}{a^2 b^5} = 1$

3. $32^{\frac{1}{5}} + 1024^{-\frac{1}{10}} = (2^5)^{\frac{1}{5}} + (2^{10})^{-\frac{1}{10}} = 2^{\frac{5}{5}} + 2^{-\frac{10}{10}} = 2 + 2^{-1} = 2 + \frac{1}{2} = \frac{5}{2}$

4. $2^{0.5} = 1.414$　　$2^{0.03} = 1.021$

   $\therefore 2^{0.53} = 2^{0.5 + 0.03} = 2^{0.5} \cdot 2^{0.03} = (1.414) \times (1.021)$

5. $x = -4$

6. $\because (\frac{2}{3})^{2x-1} = (\frac{2}{3})^{3x-5}$　　$\therefore 2x - 1 = 3x - 5 \Rightarrow x = 4$

習題 4-2

1. (1) $2^{\frac{2}{3}}$ ， $4^{\frac{1}{2}}=(2^2)^{\frac{1}{2}}=2^1$ ， $8^{-1}=(2^3)^{-1}=2^{-3}$ ， $(\frac{1}{2})^{-\frac{2}{3}}=(2^{-1})^{(-\frac{2}{3})}=2^{\frac{2}{3}}$

$\because 2^{-3}<2^{\frac{2}{3}}<2^1$ $\therefore 8^{-1}<2^{\frac{2}{3}}=(\frac{1}{2})^{-\frac{2}{3}}<4^{\frac{1}{2}}$

(2) $(\sqrt{0.8})^5=(0.8)^{\frac{5}{2}}$ ， $(\sqrt[3]{0.8})^7=0.8^{\frac{7}{3}}$ ， $(\sqrt[4]{0.8})^9=(0.8)^{\frac{9}{4}}$

$\because \frac{5}{2}=2.5$ $\frac{7}{3}=2.33...$ $\frac{9}{4}=2.25$

$\therefore (0.8)^{\frac{9}{4}}>(0.8)^{\frac{7}{3}}>(0.8)^{\frac{5}{2}}$

即 $(\sqrt[4]{0.8})^9>(\sqrt[3]{0.8})^7>(\sqrt{0.8})^5$

(3) $\because \sqrt{3}=3^{\frac{1}{2}}=(3^3)^{\frac{1}{6}}=(27)^{\frac{1}{6}}$

$\sqrt[3]{6}=6^{\frac{1}{3}}=(6^2)^{\frac{1}{6}}=(36)^{\frac{1}{6}}$

$\therefore \sqrt[3]{6}>\sqrt{3}$

2. 細菌原有設為 a ，則半小時後為 $2a$ ，一小時後為 $2(2a)=2^2a$ ，……24 小時後為 $2^{48}a$ 即 2^{48} 倍。

3. $f(x)=a^{kx}$ 且 $f(2)=3$ 即 $3=a^{2k}$ $\therefore f(4)=a^{4k}=(a^{2k})^2=3^2=9$

4. 如圖 12-3 所示：

※圖 12-3

4-3

1. (1) $\log_{27} \sqrt[3]{9} = \log_{27} 3^{\frac{2}{3}} = \frac{2}{3} \log_{3^3} 3 = \frac{2}{9} \log_3 3 = \frac{2}{9}$

   (2) $\log_{\frac{1}{2}} \sqrt[5]{2} = \log_{\frac{1}{2}} 2^{\frac{1}{5}} = \frac{1}{5} \log_{\frac{1}{2}} 2 = \frac{1}{5} \log_{2^{-1}} 2 = \frac{1}{5} \cdot \frac{1}{(-1)} \log_2 2 = -\frac{1}{5}$

   (3) $\log_{0.1} (100)^{\frac{1}{10}} = \log_{0.1} (10)^{\frac{2}{10}} = \frac{2}{10} \log_{0.1} 10 = \frac{1}{5} \log_{(10)^{-1}} 10 = -\frac{1}{5} \log_{10} 10 = -\frac{1}{5}$

   (4) $\log_{\frac{1}{2}} (\log_2 16) = \log_{\frac{1}{2}} (\log_2 2^4) = \log_{\frac{1}{2}} (4 \log_2 2) = \log_{\frac{1}{2}} 4 = \log_{(2)^{-1}} 2^2 = \frac{2}{-1} \log_2 2 = -2$

2. (1) $\log_b x^2 y^3 = \log_b x^2 + \log_b y^3 = 2 \log_b x + 3 \log_b y = 2A + 3B$

   (2) $\log_b \frac{xy}{z^2} = \log_b x + \log_b y - \log_b z^2 = \log_b x + \log_b y - 2 \log_b z = A + B - 2C$

   (3) $\log_b \sqrt[3]{\frac{x}{yz^2}} = \log_b (\frac{x}{yz^2})^{\frac{1}{3}} = \frac{1}{3} \log_b \frac{x}{yz^2} = \frac{1}{3} (\log_b x - \log_b y - 2 \log_b z) = \frac{1}{3} (A - B - 2C)$

3. $3 = 2^{10x}$ 　　$\log 3 = \log 2^{10x} = 10x \log 2$ 　　$\therefore x = \frac{\log 3}{10 \log 2}$

4. $\log_2 (x+3) - \log_2 (x-1) = 1 \Rightarrow \log_2 \frac{x+3}{x-1} = 1$ 　　$\therefore \frac{x+3}{x-1} = 2$

   $x + 3 = 2x - 2$ 　　$\therefore x = 5$

5. $(\log_2 x)^2 - \log_2 x^3 - 4 = 0 \Rightarrow (\log_2 x)^2 - 3(\log_2 x) - 4 = 0$

   $A^2 - 3A - 4 = 0 \Rightarrow (A-4)(A+1) = 0$ 　　$A = 4$ 或 $A = -1$ 即 $\log_2 x = 4$

   或 $\log_2 x = -1$ 　　$\therefore x = 2^4$ 或 $x = 2^{-1}$

6. $\log_6 4 = \frac{\log_{10} 4}{\log_{10} 6} = \frac{2 \log_{10} 2}{\log_{10} 2 + \log_{10} 3} = \frac{2 \times 0.3010}{0.3010 + 0.4771}$

   $\log_4 6 = \frac{\log_{10} 6}{\log_{10} 4} = \frac{0.3010 + 0.4771}{2 \times 0.3010}$

7. $(\log_2 9 + \log_4 9)(\log_3 4 + \log_9 2) = (\log_2 3^2 + \log_{2^2} 3^2)(\log_3 2^2 + \log_{3^2} 2)$

$= (2\log_2 3 + \frac{2}{2}\log_2 3)(2\log_3 2 + \frac{1}{2}\log_3 2)$

$= (3\log_2 3)(\frac{5}{2}\log_3 2) = \frac{15}{2}$

8. $\log_{44} 66 = \dfrac{\log_{11} 66}{\log_{11} 44} = \dfrac{\log_{11} 6 + \log_{11} 11}{\log_{11} 4 + \log_{11} 11} = \dfrac{\log_{11} 2 + \log_{11} 3 + 1}{2\log_{11} 2 + 1} = \dfrac{a+b+1}{2a+1}$

習題 4-4

1. $\log_3 0.4$ ， $\log_3 5$ ， $\log_3 3.5$ $\quad \because 3 > 1 \quad \therefore \log_3 0.4 < \log_3 3.5 < \log_3 5$

2. $\log_{0.2} 2$ ， $\log_{0.2} 0.5$ ， $\log_{0.2} 3$ $\quad \because 0 < 0.2 < 1 \quad \therefore \log_{0.2} 3 < \log_{0.2} 2 < \log_{0.2} 0.5$

3. $\log_2 0.1 < \log_2 0.3 < \log_2 0.4 < 0$

$\Rightarrow \dfrac{1}{\log_{0.1} 2} < \dfrac{1}{\log_{0.3} 2} < \dfrac{1}{\log_{0.3} 2} < 0$

$\therefore \log_{0.1} 2 > \log_{0.3} 2 > \log_{0.4} 2$

4. $\log_{\frac{1}{3}} 0.2 > \log_{\frac{1}{3}} 0.3 > \log_{\frac{1}{3}} 0.5 > 0$

$\dfrac{1}{\log_{0.2} \frac{1}{3}} > \dfrac{1}{\log_{0.3} \frac{1}{3}} > \dfrac{1}{\log_{0.5} \frac{1}{3}} > 0$

$\Rightarrow \log_{0.2} \dfrac{1}{3} < \log_{0.3} \dfrac{1}{3} < \log_{0.5} \dfrac{1}{3}$

5. $y = \log_{\frac{1}{4}} x = -\log_4 x$

※圖 12-4

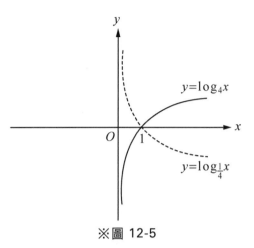

※圖 12-5

6. $2^{40} < 3^{30} < 6^{20}$ 7. 略

習 題 5-1

1. $\sin 45° = \dfrac{1}{\sqrt{2}} = \dfrac{\sqrt{2}}{2}$ $\cot 45° = 1$

$\cos 45° = \dfrac{1}{\sqrt{2}} = \dfrac{\sqrt{2}}{2}$ $\sec 45° = \sqrt{2}$

$\tan 45° = 1$ $\csc 45° = \sqrt{2}$

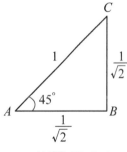

※圖 12-6

2. $\sin 60° = \dfrac{\sqrt{3}}{2}$ $\cot 60° = \dfrac{1}{\sqrt{3}}$

$\cos 60° = \dfrac{1}{2}$ $\sec 60° = 2$

$\tan 60° = \sqrt{3}$ $\csc 60° = \dfrac{2}{\sqrt{3}}$

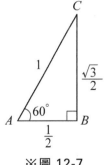

※圖 12-7

3. $\dfrac{7}{25}$ 4. $2\sqrt{2}$ 5. $\dfrac{1}{2}$ 6. $\dfrac{1}{2}$

 5-2

1. $\sin\dfrac{\pi}{3}\cos\dfrac{\pi}{4}\tan\dfrac{\pi}{8}\cot\dfrac{\pi}{8}\sec\dfrac{\pi}{4}\csc\dfrac{\pi}{3}$

    $=(\sin\dfrac{\pi}{3}\csc\dfrac{\pi}{3})(\cos\dfrac{\pi}{4}\sec\dfrac{\pi}{4})(\tan\dfrac{\pi}{8}\cot\dfrac{\pi}{8})$

    $=1\times1\times1$

    $=1$

2. $\dfrac{2\cos\theta+3\sin\theta}{2\sin\theta+\cos\theta}=\dfrac{(2\cdot\dfrac{\cos\theta}{\sin\theta}+3)}{(2+\dfrac{\cos\theta}{\sin\theta})}=\dfrac{2\cot\theta+3}{2+\cot\theta}=\dfrac{2(-3)+3}{2+(-3)}=\dfrac{-3}{-1}=3$

3. $\sin^2\dfrac{\pi}{5}+\cos^2\dfrac{\pi}{5}+\tan^2\dfrac{\pi}{6}-\sec^2\dfrac{\pi}{6}=1+(-1)=0$

4. 2   5. $\dfrac{8}{9}$ 6. $\dfrac{3}{2}$ 7. 3   8. $\dfrac{1}{2}$

 5-3

1. 設塔高 h，則 $\tan 60°=\dfrac{h}{8}$ $\therefore h=8\tan 60°=8\sqrt{3}$ 公尺

2. $\tan 60°=\dfrac{x}{\overline{BD}}\Rightarrow\overline{BD}=\dfrac{x}{\sqrt{3}}$

    $\tan 45°=\dfrac{x}{200+\dfrac{x}{\sqrt{3}}}$

    $\Rightarrow 1=\dfrac{x}{200+\dfrac{x}{\sqrt{3}}}\Rightarrow 200+\dfrac{x}{\sqrt{3}}=x$

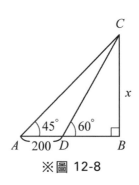

※圖 12-8

$$\Rightarrow x - \frac{x}{\sqrt{3}} = 200$$

$$\Rightarrow x = 100(3 + \sqrt{3}) \text{ 公尺}$$

3. 如圖 12-9 所示：

設 $\overline{BC} = x$ ，則 $\overline{CD} = x \cdot \sin 30° = \frac{x}{2}$

且 $\overline{BD} = x \cdot \cos 30° = \frac{\sqrt{3}}{2}x$

$\because \overline{AD} = \overline{DC} = \frac{x}{2}$

依題意，$(\frac{x}{2} + \frac{\sqrt{3}}{2}x) = 30$

求得 $x = 30(\sqrt{3} - 1)$ 浬

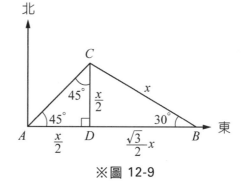

※圖 12-9

4. 如圖 12-10 所示：

$\triangle ABC$ 之高 $\overline{CD} = \sqrt{3} \cdot \sin 45° = \frac{\sqrt{6}}{2}$

$\therefore \triangle ABC$ 之面積為 $\frac{1}{2} \cdot 2 \cdot \frac{\sqrt{6}}{2} = \frac{\sqrt{6}}{2}$

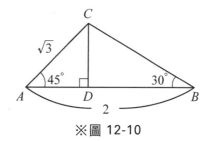

※圖 12-10

習題 5-4

1. (1) $240° = 240 \times \frac{\pi}{180}$（弧度）$= \frac{4\pi}{3}$（弧度）

(2) $-90° = -90 \times \frac{\pi}{180}$（弧度）$= -\frac{\pi}{2}$（弧度）

(3) $\frac{7\pi}{12} = \frac{7\pi}{12} \times \frac{180°}{\pi} = 7 \times 15° = 105°$

(4) $-\frac{\pi}{3} = -\frac{\pi}{3} \times \frac{180°}{\pi} - -60°$

2. $s = r\theta \Rightarrow 3r = r\theta$　$\therefore \theta = 3$ 弧度 $= 3 \times \frac{180°}{\pi}$

3. $s = r\theta = 6 \times (60° \times \dfrac{\pi}{180°}) = 6 \times \dfrac{\pi}{3} = 2\pi$

4. $s = r\theta \Rightarrow 4\pi = 6 \cdot \theta \quad \therefore \theta = \dfrac{4\pi}{6} = \dfrac{2\pi}{3}$ 弧度 $= \dfrac{2\pi}{3} \times \dfrac{180°}{\pi} = 120°$

5. $A = \dfrac{1}{2}\theta r^2 = \dfrac{1}{2}(90° \times \dfrac{\pi}{180°}) \times (10)^2 = \dfrac{\pi}{4} \times 100 = 25\pi$

6. $\sin\theta = \dfrac{y}{\sqrt{x^2+y^2}} = \dfrac{3}{\sqrt{(-2)^2+3^2}} = \dfrac{3}{\sqrt{13}}$

   $\cos\theta = \dfrac{x}{\sqrt{x^2+y^2}} = \dfrac{-2}{\sqrt{(-2)^2+3^2}} = \dfrac{-2}{\sqrt{13}}$

   $\tan\theta \dfrac{y}{x} = \dfrac{3}{-2}$

   $\cot\theta \dfrac{x}{y} = \dfrac{-2}{3}$

   $\sec\theta = \dfrac{\sqrt{x^2+y^2}}{x} = \dfrac{\sqrt{(-2)^2+3^2}}{-2} = \dfrac{\sqrt{13}}{-2}$

   $\csc\theta = \dfrac{\sqrt{x^2+y^2}}{y} = \dfrac{\sqrt{(-2)^2+3^2}}{3} = \dfrac{\sqrt{13}}{3}$

7. $-\dfrac{\pi}{2} < \theta < 0$ 且 $\sec\theta = \dfrac{3}{2} = \dfrac{\sqrt{x^2+y^2}}{x}$ ，θ 在第四象限

   $\therefore x > 0$ ，$y < 0$

   令 $x = 2$ ，$\sqrt{x^2+y^2} = 3$

   $2^2 + y^2 = 9 \quad y = -\sqrt{5}$

   $\therefore \sin\theta = \dfrac{y}{\sqrt{x^2+y^2}} = \dfrac{-\sqrt{5}}{3}$ ，$\therefore \cos\theta = \dfrac{x}{\sqrt{x^2+y^2}} = \dfrac{2}{3}$ ，$\tan\theta = \dfrac{y}{x} = \dfrac{-\sqrt{5}}{2}$

   $\cot\theta = \dfrac{x}{y} = \dfrac{2}{-\sqrt{5}}$ ，$\csc\theta = \dfrac{\sqrt{x^2+y^2}}{y} = \dfrac{3}{-\sqrt{5}}$

8. $0 < \theta < \dfrac{\pi}{2}$ 且 $\tan\theta = \dfrac{3}{4} = \dfrac{y}{x}$，$\theta$ 在第 1 象限

$\therefore x > 0 ，y > 0$

取 $x = 4 ，y = 3$

$\therefore \sin\theta = \dfrac{y}{\sqrt{x^2 + y^2}} = \dfrac{3}{\sqrt{4^2 + 3^2}} = \dfrac{3}{5}$

$\cos\theta = \dfrac{x}{\sqrt{x^2 + y^2}} = \dfrac{4}{\sqrt{4^2 + 3^2}} = \dfrac{4}{5}$

$\cot\theta = \dfrac{x}{y} = \dfrac{4}{3}$

$\sec\theta = \dfrac{\sqrt{x^2 + y^2}}{x} = \dfrac{5}{4}$

$\csc\theta = \dfrac{\sqrt{x^2 + y^2}}{y} = \dfrac{5}{3}$

 習題 **6-2**

1. $50 \times 45 \times 40$

2. $48 - 1 = 47$

3. (1) $6!$　　(2) $6! - 5!$（全部 $6!$ － 甲在首 $5!$）

4. (1) □□□ 個位數有 3 種，百位數有 6 種（0 除外），十位數有 7 種（允許重複）

　　$\therefore$ 有 $6 \times 7 \times 3$ 種

　(2) □□□ 個位數有 3 種，百位數不可重複有 5 種（0 及個位數除外），十位數有 5 種（個位數及百位數除外）

　　　$\therefore$ 有 $5 \times 5 \times 3$ 種

　(3) 車牌號碼有 $7 \times 7 \times 7 \times 7 - 1$（扣掉 0000 號）

5. (1) $\dfrac{8!}{4!2!2!}$（四個人，二個我，二個為的重複排列）

6. 6 種

7. 90

習題 6-3

1. $C_5^{20} \times C_3^{30}$

2. $C_3^6 \times C_2^3 \times C_1^1$

3. $C_4^{13} \times 4$

4. C_3^{12}

習題 7-1

1. ϕ，$\{1\}$，$\{2\}$，$\{3\}$，$\{4\}$，$\{1,2\}$，$\{1,3\}$，$\{1,4\}$，$\{2,3\}$，$\{2,4\}$，$\{3,4\}$，$\{1,2,3\}$，$\{1,2,4\}$，$\{1,3,4\}$，$\{2,3,4\}$，A

2. $B = \left\{ x \middle| x = (-1)^{n+1} (\dfrac{1}{2})^n, n \in N \right\}$

3. $C = \{5,10,15,20,25,...\}$

4. $D \bigcap E = \phi$，$D \bigcap E = \{1,2,3,a,b,c\}$，$D - E = \{1,2,3\}$

5. 設 A、B 兩集合分別表示 3、5 的倍數，則 $n(A) = 16$，$n(B) = 10$，$n(A \bigcap B) = 3$

   $\therefore n(A \bigcup B) = n(A) + n(B) - n(A \bigcap B) = 16 + 10 - 3 = 23$ 個

6. 220

習題 7-3

1. 樣本空間 $S=\{$ 紅，紅，白 $\}$，事件 $A=\{$ 紅，紅 $\}$

2. $A=\{(2,6),(6,2),(3,5),(5,3),(4,4)\}$　　$\therefore n(A)=5$

   又 $n(S)=6\times6=36$

   $\therefore p(A)=\dfrac{5}{36}$

3. $\dfrac{1}{2}$

4. 二粒均不是 1 點的機率為 $(\dfrac{5}{6})(\dfrac{5}{6})=\dfrac{25}{36}$，所以至少有 1 點的機率 $1-\dfrac{25}{36}=\dfrac{11}{36}$

5. (1) 兩人均再活 20 年的機率為 $\dfrac{2}{3}\times\dfrac{3}{4}=\dfrac{6}{12}$

   (2) 兩人均不再活 20 年的機率為 $(1-\dfrac{2}{3})\cdot(1-\dfrac{3}{4})=\dfrac{1}{3}\times\dfrac{1}{4}=\dfrac{1}{12}$

   　 $\therefore$ 至少有一人再活 20 年的機率為 $1-\dfrac{1}{12}=\dfrac{11}{12}$

習題 8-2

1. 全距 $=98-50$，組距 5 分，最小樣本 $=50$，第一組限為 $(49.5，54.5)$，以此類推。

※表 12-1

組限	49.5~54.5	54.5~59.5	59.5~64.5	64.5~69.5	69.5~74.5	74.5~79.5	79.5~84.5	84.5~89.5	89.5~94.5	94.5~99.5
劃記	丅	下	丅	一	一	正 正 正	正 正 一	正 正	丅	下
次數	2	3	2	1	1	15	11	10	2	3

直方圖：

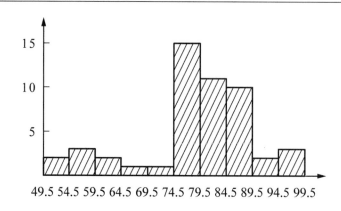

※圖 12-14

2. 從略　　3. 從略　　4. (1)65　(2)略　(3)略

 8-3

1. 平均數

$$\bar{x} = \frac{45 \times 2 + 47 \times 3 + 48 \times 2 + 49 + 50 \times 3 + 52 \times 4 + 53 + 54 \times 3 + 55}{20} = 50.2$$

2. (1) 4，5，5，6，9，10，12　∴ 中位數 = 6

(2) 2，5，7，7，9，10，10，11　∴ 中位數 = $\frac{7+9}{2}$ = 8

3. 眾數為壞蘋果之個數 1

4. 0,1,4,5,5,6,7,8,9,9,9,10,12,12,14

∴中位數 = 8

眾數 = 9

平均數 = $\frac{0+1+4+5+5+6+7+8+9+9+9+10+12+12+14}{15} = \frac{111}{15} = 7.4$

5. 74　　6. 32

習題 9-1

1. (1) $a_k = 2k + 5$

前五項為 a_1，a_2，a_3，a_4，a_5

即 $(2 \times 1 + 5)$，$(2 \times 2 + 5)$，$(2 \times 3 + 5)$，$(2 \times 4 + 5)$，$(2 \times 5 + 5)$

$7, 9, 11, 13, 15$

(2) $a_k = \dfrac{k-1}{k+1}$

前五項為 a_1，a_2，a_3，a_4，a_5

即 $\dfrac{1-1}{1+1}$，$\dfrac{2-1}{2+1}$，$\dfrac{3-1}{3+1}$，$\dfrac{4-1}{4+1}$，$\dfrac{5-1}{5+1}$

0，$\dfrac{1}{3}$，$\dfrac{2}{4}$，$\dfrac{3}{5}$，$\dfrac{4}{6}$

(3) $a_k = (-1)^{k+1} \times 2^k$

前五項 a_1，a_2，a_3，a_4，a_5

即 $(-1)^{1+1} \times 2^1$，$(-1)^{2+1} \times 2^2$，$(-1)^{3+1} \times 2^3$，$(-1)^{4+1} \times 2^4$，$(-1)^{5+1} \times 2^5$，2^1，-2^2，

2^3，-2^4，2^5

(4) $a_k = k(k+1)$

前五項 a_1，a_2，a_3，a_4，a_5

即 $1 \cdot (1+1)$，$2 \cdot (2+1)$，$3 \cdot (3+1)$，$4 \cdot (4+1)$，$5 \cdot (5+1)$

1×2，2×3，3×4，4×5，5×6

2. (1) 3，9，27，81，243，……

一般項 $a_k = 3^k$

(2) $\dfrac{1}{2}$，$\dfrac{2}{3}$，$\dfrac{3}{4}$，$\dfrac{4}{5}$，……

一般項 $a_k = \dfrac{k}{k+1}$

(3) $\dfrac{1}{3}$ ， $-\dfrac{1}{9}$ ， $\dfrac{1}{27}$ ， $-\dfrac{1}{81}$ ， ......

一般項 $a_k = (-1)^{k+1} \dfrac{1}{3^k}$

習題 9-2

1. 等差數列 $<a_n>$ ，第五項 $a_5 = 2$ ，公差 $d = -3$ ，

$\therefore 2 = a_1 + 4d = a_1 + 4(-3)$ 得首項 $a_1 = 14$

第三項 $a_3 = a_1 + 2d = 14 + 2(-3) = 8$ 第七項 $a_7 = a_1 + 6d = 14 + 6(-3) = -4$

2. $\therefore \begin{matrix} a_2 = 2 \\ a_{11} = 11 \end{matrix}$ $\therefore \begin{cases} a_1 + d = 2 \cdots ① \\ a_1 + 10d = 11 \cdots ② \end{cases}$ $② - ①$ $\begin{matrix} 9d = 9 \\ d = 1 \end{matrix}$ 代入①， $a_1 = 1$

又末項 $a_n = 32$ 即 $\begin{matrix} a_1 + (n-1)d = 32 \\ 1 + (n-1) = 32 \end{matrix}$ $\therefore n = 32$

則此等差數列有 32 項。

3. 設兩數為 a 、 b ，其等差中項為 1 ，則 $a + b = 2$ ，又 $ab = -15$

得 $a(2-a) = -15$ ， $2a - a^2 = -15$

$\therefore a^2 - 2a - 15 = 0$ $(a-5)(a+3) = 0$ $a = 5$ 或 -3

當 $a = 5$ 時， $b = -3$ ，   當 $a = -3$ 時， $b = 5$

故兩數為 5 ， -3

4. a 、 b 的等差中項為 9 ， $2a+b$ 、 $a-b$ 等差中項為 9 ，則 $\begin{cases} a + b = 18 \\ (2a+b) + (a-b) = 18 \end{cases}$

$\begin{cases} a + b = 18 \cdots ① \\ 3a = 18 \cdots ② \end{cases}$ 得 $a = 6$ ， $b = 12$

5. 15

9-3

1. $\begin{cases} a_6 = 2 \\ a_9 = 54 \end{cases}$ 即 $\begin{cases} a_1 r^5 = 2 \cdots\cdots ① \\ a_1 r^8 = 54 \cdots ② \end{cases}$ ② $\div$ ① $\quad r^3 = 27$ ，公比 $r = 3$

   代入 $\quad a_1(3)^5 = 2 \quad$ 首項 $a_1 = \dfrac{2}{3^5}$

   一般項 $a_k = a_1 r^{k-1} = \dfrac{2}{3^5} \cdot 3^{k-1} = 2 \cdot 3^{k-6}$

2. $\begin{cases} a_1 + a_4 = 520 \\ a_2 + a_3 = 160 \end{cases}$ 即 $\begin{cases} a_1 + a_1 r^3 = 520 \\ a_1 r + a_1 r^2 = 160 \end{cases}$ $\begin{cases} a_1(1+r^3) = 520 \cdots ① \\ a_1 r(1+r) = 160 \cdots ② \end{cases}$

   ① $\div$ ② $\quad \dfrac{1+r^3}{r(1+r)} = \dfrac{520}{160}$ ， $\dfrac{(1+r)(1-r+r^2)}{r(1+r)} = \dfrac{13}{4}$ ， $\dfrac{1-r+r^2}{r} = \dfrac{13}{4}$

   $4 - 4r + 4r^2 = 13r \quad$ 即 $4r^2 - 17r + 4 = 0$ ， $(4r-1)(r-4) = 0$

   $\therefore r = \dfrac{1}{4} \ or \ r = 4$

   當 $r = \dfrac{1}{4}$ 時， $a_1 \left(\dfrac{1}{4}\right)\left(\dfrac{5}{4}\right) = 160$ ，首項 $a_1 = 32 \times 16$

   當 $r = 4$ 時， $a_1(4)(5) = 160$ ，首項 $= 8$

3. 設 10 年前 25 萬人為首項 $a_1 = 25$ ，現在 30 萬人則為第 11 項 $a_{11} = 30$ ，

   $\Rightarrow \begin{cases} a_1 = 25 \\ a_1 r^{10} = 30 \end{cases} \therefore r^{10} = \dfrac{30}{25} = \dfrac{6}{5} \quad r = \sqrt[10]{\dfrac{6}{5}}$

   20 年後則為 $a_{31} = a_1 r^{30}$

   $= 25\left(\sqrt[10]{\dfrac{6}{5}}\right)^{30}$

   $= 25\left(\dfrac{6}{5}\right)^3 = 25 \times \dfrac{216}{125} = \dfrac{216}{5}$ 萬人

習題 10-1

1. (1) $\dfrac{1}{2}+\dfrac{1}{4}+\dfrac{1}{6}+\cdots+\dfrac{1}{50}=\displaystyle\sum_{k=1}^{25}\dfrac{1}{2k}$

   (2) $-3+3-3+\cdots+3$（共 200 項）$=\displaystyle\sum_{k=1}^{200}(-1)^k 3$

   (3) $1\times3+2\times4+3\times5+\cdots+99\times101=\displaystyle\sum_{k=1}^{99}k(k+2)$

   (4) $7+9+11+\cdots+51=\displaystyle\sum_{k=3}^{25}(2k+1)$

   (5) $0.3+0.03+0.003+\cdots$（至第九項）$=\displaystyle\sum_{k=1}^{9}\dfrac{3}{10^k}$

2. (1) $\displaystyle\sum_{k=1}^{10}(k^2+k+3)=(1^2+1+3)+(2^2+2+3)+(3^2+3+3)+\cdots+(10^2+10+3)$

   (2) $\displaystyle\sum_{k=11}^{20}(k^2+3k)=(11^2+3\times11)+(12^2+3\times12)+(13^2+3\times13)+\cdots+(20^2+3\times20)$

   (3) $\displaystyle\sum_{k=-4}^{6}\left(\dfrac{2k}{5}+2\right)=\left(\dfrac{-8}{5}+2\right)+\left(\dfrac{-6}{5}+2\right)+\left(\dfrac{-4}{5}+2\right)+\cdots+\left(\dfrac{12}{5}+2\right)$

   (4) $\displaystyle\sum_{k=3}^{6}(-0.3)^k=(-0.3)^3+(-0.3)^4+(-0.3)^5+(-0.3)^6$

   (5) $\displaystyle\sum_{k=2}^{8d}\dfrac{1}{k(k+1)}=\dfrac{1}{2\times3}+\dfrac{1}{3\times4}+\dfrac{1}{4\times5}+\cdots+\dfrac{1}{8\times9}$

3. 1335　　4. 128

習題 10-2

1. $\begin{cases}a_1+2d=17\\a_6-a_1=25\end{cases}\Rightarrow\begin{cases}a_1+2d=17\\(a_1+5d)-a_1=25\end{cases}\Rightarrow\begin{array}{l}5d=25\\公差 d=5\end{array}$

   $\therefore$ 首項 $a_1=17-10=7$

2. 1 至 100 所有偶數的和 $S = 2 + 4 + 6 + \cdots + 100$

$= \dfrac{50(2+100)}{2} = 50 \times 51$

3. $1.5 + 1.8 + 2.1 + \cdots\cdots$ 至第 n 項的和 $S = 33$

則

$S = \dfrac{n[2a_1 + (n-1)d]}{2} = \dfrac{n[3 + (n-1)0.3]}{2} = 33$

$\Rightarrow 3n + 0.3n^2 - 0.3n = 66$

$0.3n^2 + 2.7n = 66$

$n^2 + 9n = 220$

$n^2 + 9n - 220 = 0$

$(n+20)(n-11) = 0 \quad \therefore n = 11$

4. (1) $15 + 19 + \cdots + 111$ 等差級數末項 $111 = 15 + (n-1)4 \Rightarrow (n-1)4 = 96$

   $\therefore$ 項數 $n = 25$

   $\Rightarrow S = \dfrac{25(15+111)}{2} = 25 \times 63$

   (2) $\left(-\dfrac{1}{2}\right) + (-1) + \cdots + (-50)$ 公差 $d = (-1) - \left(-\dfrac{1}{2}\right) = -\dfrac{1}{2}$

   末項 $(-50) = \left(-\dfrac{1}{2}\right) + (n-1)\left(-\dfrac{1}{2}\right)$

   $\Rightarrow 100 = 1 + (n-1) \quad \therefore n = 100$

   $\Rightarrow S = \dfrac{100\left[\left(-\dfrac{1}{2}\right) + (-50)\right]}{2} = 50 \cdot (-50.5)$

   (3) $\displaystyle\sum_{k=1}^{7} (6k+2) = (6+2) + (6 \times 2 + 2) + (6 \times 3 + 2) + \cdots + (6 \times 7 + 2)$

   $= 8 + 14 + 20 + \cdots + 44$

   公差 $d = 6$ 的等差級數

$$\therefore S = \frac{7(8+44)}{2} = 7 \times 26$$

5. 插入 5 個數 $\therefore a_1 = 10$，$a_7 = 100$ 的等差數列 $\Rightarrow 100 = 10 + (7-1)d$

$d = 15$

$\therefore$ 此級數為 $10 + 25 + 40 + 55 + 70 + 85 + 100 = \frac{7(10+100)}{2} = 7 \times 55$

習題 10-3

1. $1 + 2 + 4 + 8 + \cdots = 2^0 + 2 + 2^2 + 2^3 + \cdots + 2^{(n-1)}$ 為第 n 日後書本總數

$$= \frac{1 \cdot (1 - 2^n)}{1 - 2} \geq 1000$$

即 $2^n - 1 \geq 1000$，$2^n \geq 1001$，最小的自然數 $n = 10$

2. 年利率為 6% 時，第一年底有 $20,000 \times (1 + 0.06)$

第二年底有 $20,000 \times (1 + 0.06)^2 + 20,000(1 + 0.06)$

第三年底有 $20,000 \times (1 + 0.06)^3 + 20,000(1 + 0.06)^2 + 20,000(1 + 0.06)$

$$\vdots$$

第 10 年底本利和為

$S = 20,000(1 + 0.06)^{10} + 20,000(1 + 0.06)^9 + \cdots + 20,000(1 + 0.06)$

$\quad = 20,000 \left[1.06 + (1.06)^2 + \cdots + (1.06)^{10} \right] = 20,000 \times \dfrac{1.06 \left[1 - (1.06)^{10} \right]}{1 - 1.06}$

$\quad = 20,000 \times \dfrac{1.06 \left[(1.06)^{10} - 1 \right]}{0.06}$

年利率為 2% 時，$S = 20,000 \times \dfrac{1.02 \left[(1.02)^{10} - 1 \right]}{0.02}$

3. (1) $1+\left(-\dfrac{3}{2}\right)+\dfrac{9}{4}+\left(-\dfrac{27}{8}\right)+\cdots+\dfrac{729}{64}$ 等比級數　公比 $r=-\dfrac{3}{2}$

末項 $\dfrac{729}{64}=1\times\left(-\dfrac{3}{2}\right)^{n-1}$ 　　$\therefore (n-1)=6$ ，$n=7$

$\therefore S=\dfrac{1\cdot\left[1-\left(-\dfrac{3}{2}\right)^{7}\right]}{1-\left(-\dfrac{3}{2}\right)}$

(2) $0.9+0.09+0.009+\cdots$ 至第 10 項

$=\dfrac{9}{10}+\dfrac{9}{10^2}+\dfrac{9}{10^3}+\cdots+\dfrac{9}{10^{10}}=\dfrac{\dfrac{9}{10}\left[1-\left(\dfrac{1}{10}\right)^{10}\right]}{1-\left(\dfrac{1}{10}\right)}$

(3) $\displaystyle\sum_{k=2}^{7}(-0.2)^k=(-0.2)^2+(-0.2)^3+\cdots+(-0.2)^7=\dfrac{(-0.2)^2\left[1-(-0.2)^6\right]}{1-(-0.2)}$ （有 6 項）

國家圖書館出版品預行編目資料

數學/張太山編著. -- 初版. -- 新北市:新文京開發
出版股份有限公司, 2021.07
　　面；　　公分

ISBN　978-986-430-734-0（平裝）

1. 數學

310　　　　　　　　　　　　　　　110008257

數學　　　　　　　　　　　　　　　　（書號：E448）

編 著 者	張太山
出 版 者	新文京開發出版股份有限公司
地　　址	新北市中和區中山路二段 362 號 9 樓
電　　話	(02) 2244-8188（代表號）
Ｆ　Ａ　Ｘ	(02) 2244-8189
郵　　撥	1958730-2
初　　版	西元 2021 年 07 月 10 日

New Wun Ching Developmental Publishing Co., Ltd.

New Age · New Choice · The Best Selected Educational Publications — NEW WCDP

新文京開發出版股份有限公司

NEW
WCDP

新世紀·新視野·新文京 — 精選教科書·考試用書·專業參考書